石油教材出版基金资助项目

石油高等院校特色规划教材

油气在线分析理论与方法

李作进　柏俊杰　曾建奎　主编
唐德东　主审

石 油 工 业 出 版 社

内 容 提 要

本书结合油气生产与处理工艺和过程的在线分析仪器，重点介绍在线分析仪器的基础理论与基本方法，理论与现场实际应用相衔接，以典型气体、液体在线分析仪器为对象，系统介绍在线分析仪器的基本原理及其应用。全书由在学校从事在线分析系统的教师和在企业从事在线分析仪器应用的工程师共同编写，通俗易懂，适用性强。

本书可作为测控技术与仪器、自动化、石油与天然气工程等相关专业高年级本科生和研究生教材，也可作为企业从事相关应用技术研究人员的参考资料。

图书在版编目(CIP)数据

油气在线分析理论与方法/李作进，柏俊杰，曾建奎主编. — 北京：石油工业出版社，2019.9

石油高等院校特色规划教材

ISBN 978-7-5183-3533-6

Ⅰ.①油… Ⅱ.①李…②柏…③曾… Ⅲ.①天然气工业—分析仪器—高等学校—教材 Ⅳ.①TE927

中国版本图书馆 CIP 数据核字(2019)第 166302 号

出版发行：石油工业出版社

(北京市朝阳区安定门外安华里 2 区 1 号楼 100011)

网 址：www. petropub. com

编辑部：(010)64523693

图书营销中心：(010)64523633

经 销：全国新华书店

排 版：北京市密东文创有限公司

印 刷：北京中石油彩色印刷有限责任公司

2019 年 9 月第 1 版 2019 年 9 月第 1 次印刷

787 毫米×1092 毫米 开本：1/16 印张：8.5

字数：205 千字

定价：18.00 元

(如出现印装质量问题，我社图书营销中心负责调换)

前　言

油气在线分析理论与方法是石油天然气工业在线分析仪器的科学基础，它跨越分析仪器和工业自动化仪表两大学科，具有多学科、高技术特征。随着互联网+以及工业4.0时代的到来，受全球范围内下游应用需求迫切的倒逼和上游技术基础成型的推动，石油天然气工业的智能化制造已成为传统企业改造升级的根本途径与必然选择。传统的过程控制与自动化仪表已经不能适应石油天然气工业智能制造新技术的发展要求，而油气在线分析技术与仪器逐渐成为石油天然气工业智能化制造的关键技术与设备。

近年来，在线分析仪器设备在我国石油、化工、冶金等行业和环保、安全等领域的使用量及重要性与日俱增。然而，我国大专院校尚未开设这一专业，企业急需在线分析技术专业的高层次人才。为此，重庆科技学院依托市级重点学科和师资优势，聘请了油气在线分析仪器行业的陆婉珍院士与龙泽智、王森、金义忠等知名专家，系统梳理了在线分析仪器的关键理论与技术，形成《油气在线分析理论与方法》一书，助推我国油气在线分析技术与仪器的应用型人才培养。

本书由李作进、柏俊杰、曾建奎主编，由唐德东主审。全书共十一章，第1章介绍基本概念和有关知识，第2章介绍天然气工业系统与在线分析仪器，第3章介绍红外线气体分析器原理，第4章介绍紫外线气体分析仪原理，第5章介绍半导体激光气体分析仪原理，第6章介绍顺磁式氧分析器原理，第7章介绍电化学式氧分析器原理，第8章介绍热导式气体分析器原理，第9章介绍过程气相色谱仪原理，第10章介绍工业质谱仪原理，第11章介绍微量水分与水露点分析仪原理。其中第1~2章由李作进、龙泽智等编写，第3~8章由柏俊杰、王森等编写，第9~11章由曾建奎、王森等编写。此外，本书还得到了石油石化行业专家与领导的热情关怀和指导，在此表示感谢。

编写《油气在线分析理论与方法》一书在业内尚属首次，由于编者知识面和水平有限，书中难免存在不妥和遗漏之处，恳请广大读者和专家批评指正！

编　者

2019年3月

目　　录

1　基本概念和知识

1.1　在线分析仪器

1.1.1　在线分析仪器的定义

在线分析仪器又称为过程分析仪器，是指应用于工业生产流程或其他源流体现场，对被测介质的组分或参数进行在线式测量的一类仪器。

在线分析仪器是分析仪器中的一类，也是过程检测仪表的一个分支。它跨越分析仪器和工业自动化仪表两大学科，具有多学科、高技术特征。

1.1.2　在线分析仪器的分类与有关术语

按照基本测量原理和常见分析方法，在线分析仪器可分为如下几类。

1）光学分析仪器

该类仪器主要包括采用吸收光谱法或发射光谱法等方法研制的分析仪器，如近红外光谱仪、红外线气体分析器、紫外—可见分光光度计、激光气体分析仪、紫外荧光法分析仪等。

2）物性分析仪器

这类仪器是指采用定量方法检测物质物理性质的一类仪器总称，如水分仪、湿度计、密度计、黏度计、浊度计以及石油产品物性分析仪器等。

3）谱分析仪器

该类仪器主要包括采用色谱和质谱分析方法研制的分析仪器，如各种类型的色谱分析仪、质谱分析仪和色谱—质谱联用仪等。

4）电化学分析仪器

该类仪器主要包括采用电导、电位、电流分析法研制的电化学分析仪器，如电导仪、pH 计、燃料电池式氧分析器、氧化锆氧分析器、电化学式毒性气体检测仪器等。

5）其他分析仪器

上述几类仪器之外的在线分析仪器合并在这一类中，主要包括：

（1）热学分析仪器：采用热能量交换方法研制的分析仪器，如热导式气体分析器、热值仪等；

（2）磁学分析仪器：采用对象组分磁特性差异而研制的分析仪器，如热磁对流式、磁力机械式、磁压力式氧分析器；

（3）射线分析仪器：利用不同射线光子或其他微观离子激发待测物质中的原子而进行物质成分分析和化学态研究等方法研制的分析仪器，如 γ 射线密度计、β 射线测尘仪、中子及微波水分仪等。

1.2 在线分析仪器的性能指标与常见术语

1.2.1 在线分析仪器的性能指标

1)仪器性能和仪器特性

仪器性能是指仪器达到设计功能、要求或标准的客观水平,仪器特性是指利用特定参量对仪器某一性能指标进行的表达或描述。

仪器特性的定量表述通常是采用某个重要参数量值、允差、范围来描述与表达。

在线分析仪器的性能特性从输入与输出角度可以分成以下两类:

一类性能特性与仪器的输入条件有关。输入条件主要是指测量对象、测量范围、量程等,对于不同的分析仪器,输入条件是不同的。

另一类性能特性与仪器的输出响应有关。这类性能特性对不同的分析仪器,数值和量纲可能有所不同,但从输出响应的指标来看,它们的定义是共同的,是不同类型分析仪器共同具有的性能特性,是同一类分析仪器进行比较的重要依据,也是评价分析仪器基本性能的重要参数。这类性能特性主要有准确度、测量不确定度、灵敏度、检测限、分辨力和选择性、线性度、线性误差和线性范围、重复性和实验标准偏差、稳定性、电磁兼容性、响应时间和分析滞后时间、可靠性、检定和校准等。

2)仪器常见性能指标

(1)准确度。

仪器的准确度又称为精确度,是指在正常的使用条件下,仪表测量结果的准确程度,常称精度。仪器的准确度通常用测量误差来表示,常见测量误差的表示方法如下:

①绝对误差:

$$绝对误差 = 测量结果 - 真实值$$

②相对误差:

$$相对误差 = 绝对误差/真实值$$

③固有误差。

固有误差是指在线分析仪器在参比工作条件下使用时的误差。

④偏差。

偏差又称为表观误差,是指个别测定值与测定的平均值之差,它可以用来衡量测定结果的精密度高低。

⑤系统误差。

系统误差是在重复性条件下,对同一被测量进行无限多次测量所得结果的平均值与被测量的真值之差。

⑥随机误差。

随机误差也称为偶然误差和不定误差,是由于仪器在测定过程中一系列有关因素微小的随机波动而形成的具有相互抵偿性的误差。

(2)测量不确定度。

测量不确定度是表征合理地赋予被测量之值的分散性,与测量结果相联系的参数。测量不确定度主要来自随机误差。随机误差产生的原因很多,而且不可能完全消除,所以测量结果总是存在随机的测量不确定度。

(3)灵敏度。

灵敏度是指某方法对单位浓度或单位量待测物质变化所致的响应量变化程度,它可以用仪器的响应量或其他指示量与对应的待测物质的浓度或量之比来描述。通常,这一比值越大,表示仪器越敏感,即被测组分浓度有细微变化时,仪表就能产生足够的显示响应。

(4)检测限。

检测限又称为检出限,指由基质空白所产生的仪器背景信号的3倍值的相应量,或者以基质空白产生的背景信号平均值加上3倍的均数标准差。它是评价检测方法和检测仪器灵敏度的重要指标之一。

(5)分辨力。

分辨力是指仪器能有效辨别的相邻显示示值间的最小差值。不同分析仪器的相邻近显示值有所不同,如光谱仪的相邻近信号一般是最邻近的波长,色谱仪的相邻近信号是最邻近的两个峰,而质谱仪的相邻近信号是最邻近的两个质量数,所以不同分析仪器的分辨力也有所不同。

(6)线性度、线性误差和线性范围。

①线性度:在规定条件下,仪器校准曲线与拟合直线间的最大偏差与满量程输出的百分比。该值越小,表明线性特性越好。

②线性误差:衡量通过整个量程范围的端点的直线的最大偏差,即实测曲线与理想直线之间的偏差。由于仪器的实际输出是经过校准曲线校正的,所以将线性误差定义为仪器实际读数与通过被测量的线性函数求出的读数之间的最大差异。

③线性范围:指利用一种方法取得精密度、准确度均符合要求的试验结果,而且成线性的供试物浓度的变化范围,其最大量与最小量之间的间隔。仪器的线性范围越宽越好。

(7)重复性误差和标准偏差。

①重复性误差:指在全测量范围内和同一工作条件下,从相同方向对同一输入值进行多次连续测量所获得的随机误差。相同的条件是指同一操作者、同一仪器、同一实验室和短暂的时间间隔。重复性误差用实验标准偏差来表示,它与测量的精密度是同一含义。

②标准偏差:又称为标准偏差估计值,是指在对同一被测量 x 进行 n 次测量时,表征测量结果分散程度的参数,由下式计算:

$$S = \sqrt{\frac{\sum_{i=1}^{n} (x_i - \bar{x})^2}{n - 1}} \tag{1.1}$$

式中 S——标准偏差;

x_i——第 i 次测量值;

$\bar{x}$——n 个测量值的算术平均值。

(8)稳定性。

稳定性是指测量仪器的计量特性随时间保持不变的能力。分析仪器的稳定性通常用噪声和漂移两个参数来表征。

①噪声:又称为输出波动,由未知的偶然因素所引起的仪器测量信号振幅和频率上完全无规律的震荡。

②漂移:指由于特定的环境条件,仪器测试信号整体上朝某个方向存在固定缓慢变化趋势的现象。在工业测量中,漂移包括零点漂移、量程漂移、基线漂移。

(9)电磁兼容性。

电磁兼容性是指设备或仪器在其电磁环境中符合要求运行并不对其环境中的任何设备产生无法忍受的电磁骚扰的能力。它也是工业测量和控制仪器的重要性能指标。通常,工业现场存在很多仪表和设备,仪表之间不可避免受到电磁干扰的影响。

(10)响应时间和分析滞后时间。

①响应时间:通常定义为测试量变化一个步进值后,传感器达到最终数值90%所需要的时间。这一时间称为90%响应时间,用T_{90}标注。

②分析滞后时间:指仪器或系统被控对象的被控变量的变化落后于干扰所导致的延后时间,通常,分析滞后时间等于“样品传输滞后时间”和“分析仪器响应时间”之和。

(11)可靠性。

可靠性是指仪器在一定时间内、在一定条件下无故障地执行指定功能的能力或可能性。通常,仪器仪表的平均无故障运行时间MTBF是衡量仪器可靠性的一项重要指标。

(12)检定和校准。

①检定:由法制计量部门或法定授权组织按照检定规程,通过实验,提供证明来确定测量器具的示值误差满足规定要求的活动。检定方法主要是利用标准物质评价仪器的性能。检定内容主要是检验仪器的准确度、重复性和线性度。检定的目的是校验计量仪器的示值与相对应的已知量值之间的偏差,使其始终小于有关计量仪器管理的标准、规程或规范中所规定的最大允许误差。检定意义是对计量仪器作出继续使用、进行调查、修理、降级使用或声明报废的决定。检定的依据是国家或行业发布的检定规程,包括规程的适用范围、仪器的计量性能、检定项目、条件和方法、检定结果和周期等。

②校准:在规定条件下,为确定计量仪器或测量系统的示值,或实物量具、标准物质所代表的值,与相对应的被测量的已知值之间关系的一组操作。校准结果可用以评定计量仪器、测量系统或实物量具的示值误差,或给任何标尺上的标记赋值。可以单点校准,也可选两个点(在待测范围的上端与下端)校准,还可进行多点校准。

1.2.2 其他术语和定义

(1)零点气:用于特定的规程或操作步骤,在给定的校准范围内建立校准曲线零点的气体混合物。

(2)校准气:用于仪器定期校准和各种性能试验的已知浓度的稳定参考气体混合物。

(3)真值:指在一定的时间及空间(位置或状态)条件下,被测量所体现的真实数值。真值是一个变量本身所具有的真实值,它是一个理想的概念,一般不可能准确知道。

(4)基准值:充当测量值的一个一致认可的基值,以此值为基准去定义基准误差。这个值可以是被测值、测量范围的上限值、刻度范围(量程范围)、预定值或其他明确规定的值。

(5)额定值:在一定条件下仪器或系统正常运行时对电压、电流、功率等参数所规定的数值,是反映仪器或设备重要技术性能的数据,是生产、设计、制造和使用产品时的技术依据。

(6)量程:是度量工具的测量范围,由度量工具的分度值、最大测量值决定。

(7)影响量:在直接测量中不影响实际测量,但会影响仪器示值与测量结果之间关系的量。

(8)参比条件:带有允差的参考值和参考范围的一组标准影响量。

(9)参比值:满足参比条件下的某个参量的标准值或参考值。

(10)参比范围:满足参比条件下的一个或多个参比值的范围。

(11)规定工作范围:仪器或系统在额定工作条件下参量的变化范围。

(12)规定测量范围:在额定工作条件下,仪器或仪表某一参数测量显示的极限值。

(13)极限条件:是测量仪器的规定计量特性不受损也不降低,其后仍可在额定操作条件下运行而能承受的极端条件。

(14)额定工作条件:指为了使计量器具规定的计量特性处于给定的极限之内而规定的正常使用条件。

1.3 在线分析仪器的常用浓度单位

在线分析中使用的计量单位很多,与分析结果有关的计量单位主要有浓度、密度、黏度、湿度、浊度、pH 值、电导率等。

1.3.1 气体浓度的表示方法

气体浓度的表示方法有摩尔分数、体积分数、质量浓度、质量分数、物质的量浓度、质量摩尔浓度等。在线分析中气体浓度的表示方法主要有以下四种。

1)气体的摩尔分数 x_B

x_B 是组分 B 的物质的量与混合气体中各组分物质的量的总和之比,常用的单位是%、10^{-6}、10^{-9}。

$$x_B = \frac{n_B}{\sum_{i=1}^{n} n_i} \tag{1.2}$$

式中 n_B——混合气体中组分 B 的物质的量,mol;

n_i——混合气体中各组分物质的量,mol。

2)气体的体积分数 φ_B

φ_B 为组分 B 的体积 V_B 与混合气体中各组分体积 V_i 的总和之比,常用的单位是%、10^{-6}、10^{-9}。

$$\varphi_B = \frac{V_B}{\sum_{i=1}^{n} V_i} \tag{1.3}$$

这里有必要对气体的摩尔分数和体积分数之间的关系作一说明。

对于理想气体来说,摩尔分数 = 体积分数,即 $x_B = \varphi_B$。

3）气体的质量浓度 ρ_B

ρ_B 为组分气体 B 的质量 m 与混合气体的体积 V 之比，常用的单位是 kg/m^3、g/m^3、mg/m^3。

$$\rho_B = \frac{m}{V} \tag{1.4}$$

4）气体的质量分数 w_B

w_B 为组分气体 B 的质量 m_B 与气体中各组分的质量 m_i 总和之比，常用的单位是%、10^{-6}、10^{-9}。

$$w_B = \frac{m_B}{\sum_{i=1}^{n} m_i} \tag{1.5}$$

1.3.2 液体浓度的表示方法

液体浓度的表示方法有物质的量浓度、质量浓度、质量分数、体积分数、比例浓度等。在线分析中液体浓度的表示方法主要有以下三种。

1）液体的物质的量浓度 c_B

c_B 是指 1L 溶液中所含溶质 B 的物质的量，常用的单位是 mol/L 和 mmol/L。

2）液体的质量浓度 ρ_B

ρ_B 是指 1L 溶液中所含溶质 B 的质量，常用的单位是 g/L、mg/L 和 μg/L，不得再使用 ppm、ppb 等表示方法。

3）液体的质量分数 w_B

w_B 是溶质 B 的质量 m_B 与溶液 A 的质量 m_A 之比，常用的单位是%、10^{-6}、10^{-9}。

$$w_B = \frac{m_B}{m_A} \tag{1.6}$$

1.4 标准气体的制备方法

在线分析仪器系统中，标准气体的制备方法通常可分为静态法和动态法两类。静态法主要有质量比混合法——称量法、压力比混合法（压力法）、体积比混合法（静态体积法）。

下面简要介绍几种标准气体的制备方法。

1.4.1 称量法

称量法是国际标准化组织推荐的标准气体制备方法。它只适用于组分之间、组分与气瓶内壁不发生反应的气体，以及在实验条件下完全处于气态的可凝结组分。用该法制备的标准气体的不确定度≤1%。

1）配气原理

标准气体一般采用摩尔分数，即混合气体中每一组分的摩尔分数等于该组分物质的量与混合气体所有组分总的物质的量之比。称量法的计算公式如下：

$$x_i = \frac{\frac{m_i}{M_i}}{\sum_{i=1}^{k} \frac{m_i}{M_i}} = \frac{n_i}{n} \tag{1.7}$$

式中　x_i——组分 i 的摩尔分数（$i=1,2,\cdots,k$）；

m_i、M_i——组分 i 的质量和摩尔质量；

n_i——组分 i 的物质的量；

n——混合气体的总物质的量。

为了避免称量极少量的气体，对最终混合气体中每种组分规定了一个最低浓度限，一般规定最低浓度限为1%，当所需组分的浓度值低于最低浓度限时，采用多次稀释的方法制备。

2）配气装置及配气操作

称量法配气装置由气体充填装置、气体称量装置、气瓶及气瓶预处理装置组成。

（1）气体充填装置。

气体充填装置由真空表、电离真空计、压力表、气瓶连接件组件等组成。标准气体的充填装置见图1.1。

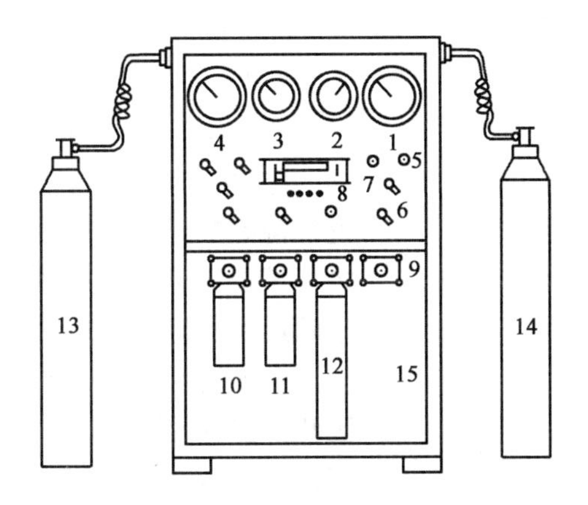

图1.1　标准气体的充填装置

1、4—高压表；2—低压表；3—真空表；5、6—阀门；7—电离真空计；8—指示灯；

9—卡具；10、11—标准气瓶；12、13、14—原料气瓶；15—外壳

气路系统由高压、中压和低压真空系统三部分组成，使组分气体和稀释气体的充灌彼此独立，避免相互污染。为了防止组分气体的反扩散，在充完每一组分气体后，在热平衡的整个期间应关闭气瓶阀门，然后再进行称量。

（2）气体称量装置。

气体称量装置需采用大载荷（20～100kg）、小感量（载荷100kg、感量10mg或载荷20kg、感量1mg）的高精密天平。除了对天平有很高要求外，还要求保证一定的称量质量（对于气体组分质量过于小的，采用多次稀释法配制）。

1.4.2　压力法

压力法又称分压法，适用于制备在常温下为气体的、含量在1%～50%的标准混合气体。用该法制备的标准气体的不确定度为2%。

1)配气原理

用压力法配制瓶装标准混合气体，主要依据理想气体的道尔顿定律，即在给定的容积下，混合气体的总压等于混合气体中各组分分压之和。理想气体的道尔顿分压定律为

$$p = \sum_{i=1}^{k} p_i \tag{1.8}$$

$$p = \frac{nRT}{V} \tag{1.9}$$

$$p_i = \frac{n_i RT}{V} \tag{1.10}$$

$$x_i = \frac{p_i}{p} \tag{1.11}$$

$$x_i = \frac{n_i}{n} \tag{1.12}$$

$$p_i = p x_i \tag{1.13}$$

式中 p、p_i——混合气体的总压和混合气体中组分 i 的分压；

n、n_i——混合气体的总物质的量和组分 i 的物质的量；

x_i——组分 i 的摩尔分数。

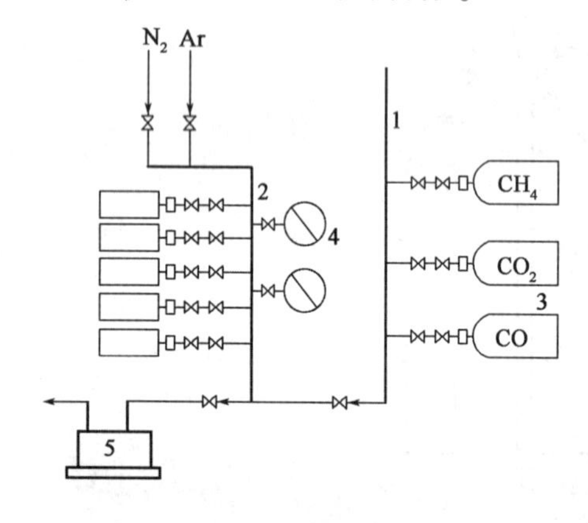

图 1.2　压力法配气装置示意图

1—原料气汇流排；2—标准混合气汇流排；3—原料气钢瓶；4—压力表；5—真空泵

2)配气装置及配气操作

压力法配气装置主要由汇流排、压力表、截止阀、真空泵、连接管路、接头等组成，见图 1.2。该装置结构简单，配气快速方便。汇流排并联支管的多少可按配入组分数的多少及一次配气瓶数的多少来确定，一般为 5 ~ 10 支。

在配气操作时，应先对气瓶进行预先处理、清洗和抽空，必要时先在 80℃ 下烘 2 h 以上再将组分和稀释气依次充入密封的气瓶中。每次导入一种组分后，需静置 1 ~ 2min，待瓶壁温度与室温相近时，测量气瓶内压力，混合气的含量以压力比表示，即各组分的分压与总压之比。

但是，工业中所用气体并非理想气体，只有少数气体在较低压力下可用理想气体定律来计算。对于大多数气体，用理想气体定律计算会造成较大的配制误差。因此，对于实际气体需用压缩系数来修正，但用压缩系数修正计算比较麻烦，现在多采用气相色谱法等来分析定值。

1.4.3　渗透法

渗透法适用于制备含痕量活泼性气体(如 SO_2、NO_2、NH_3、H_2S、Cl_2、HF 等)或含微量水分的标准气，用该法制备的标准气体的不确定度为 2%。

1)配气原理

载气一般采用 99.999% 的高纯氮气，且不允许含有痕量的组分气体。通过渗透膜的渗透速率取决于组分物质本身的性质、渗透膜的结构和面积、温度以及管内外气体的分压差，只要

对渗透管进行正确操作,这些因素能保持恒定。

如果渗透速率保持恒定,则可在适当的时间间隔内,用称量的方法来测定渗透管的渗透率,其计算式如下:

$$渗透率 = \frac{两次称量之间组分物质因渗透所损失的质量(\mu g)}{两次称量之间的时间间隔(min)} \tag{1.14}$$

除称量法以外,其他测定渗透率的方法尚有体积置换法和分压测定法。

所制备的校准用混合气体的浓度是渗透管的渗透率和背景气体流量的函数,以制备 SO_2 校准气为例,其浓度由下式给出:

$$C_m = \frac{q_m}{q_v} \tag{1.15}$$

式中 C_m——SO_2的质量浓度,$\mu g/m^3$;

q_m——SO_2渗透管的渗透率,$\mu g/min$;

q_v——背景气体(载气)的流量,m^3/min。

若用体积分数来表示浓度,则必须考虑 SO_2的摩尔体积,从而得到以下关系式:

$$C_V = K \cdot \frac{q_m}{q_v} \times 100\% \tag{1.16}$$

式中 C_V——SO_2的体积分数;

K——常数,取 $0.38 \times 10^{-9} m^3/\mu g$。

2)渗透管

在线分析仪器中,常见的几种渗透管的结构如图 1.3 所示。

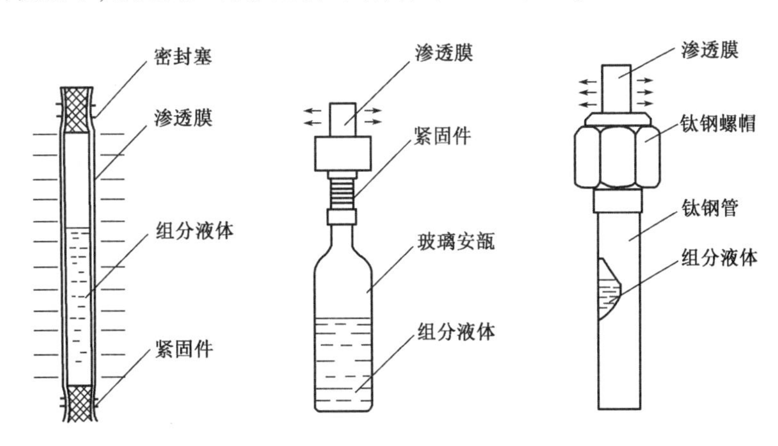

图 1.3 几种渗透管的结构

渗透管内的组分物质有液相和气相两种状态。渗透膜可以只与液相接触,或只与气相接触,也可能两者兼而有之。不管属于哪种情况,在没有肯定接触相对渗透率没有影响之前,渗透管在使用和渗透率测定时,组分物质与渗透膜的接触相应该相同。

3)配气装置

渗透法配气装置如图 1.4 所示。

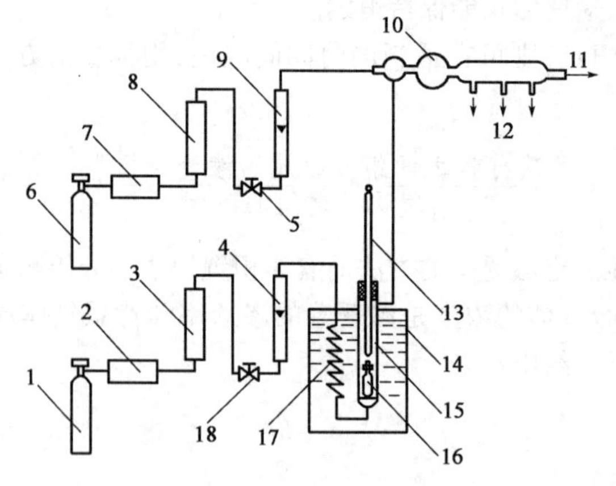

图 1.4　渗透法配气装置

1—载气；2、7—稳流稳压系统；3—净化系统；4、9—流量计；5—流量调节阀；6—稀释气体；
8—净化系统；10—混合器；11—排空；12—校准混合气体输出；13—温度计；14—恒温浴；
15—气体发生瓶；16—渗透管；17—预热管；18—流量调节阀

4）技术指标

配气偏差：组分的用户要求值 A 与配制后该组分的实际给定值 B 之间有一差值 Δ，Δ 称为配气偏差，$\frac{\Delta}{A}\times 100\%$ 称为相对配气偏差。

不确定度：表征被计量的真值所处量值范围的评定，它表示计量结果附近的一个范围，而被计量的真值以一定的概率落于其中。

2　天然气工业系统与在线分析仪器

2.1　天然气工业系统组成

天然气工业系统包括天然气的勘探、钻井、集输、处理和输送等全过程，按照过程特点可分为地下工程和地面工程，其组成示意图如图2.1所示。

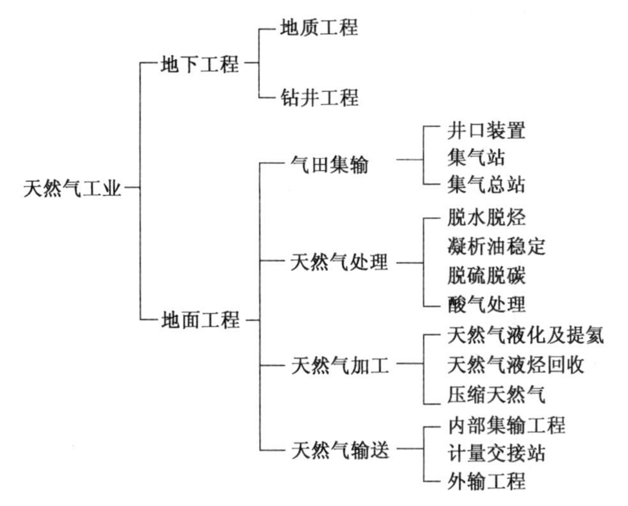

图2.1　天然气工业系统组成

2.2　天然气处理工艺过程及在线分析仪器与系统

天然气处理是天然气工业中一个十分重要的组成部分，是从油、气井中采出或从矿场分离器分离的天然气在进入输、配管道或送往用户之前必不可少的生产环节，是指为使天然气符合商品质量或管道输送要求而采取的工艺过程。它包括相分离与计量、天然气的脱水、脱酸性气体、硫磺回收与尾气处理等环节，每个气田根据组分不同，其工艺过程有所不同。

图2.2至图2.4为不同类型的分离计量流程框图，图2.5为天然气干气输送方案流程框图，图2.6为含硫气田低温分离流程框图，图2.7至图2.10为含硫天然气加工与处理流程框图。

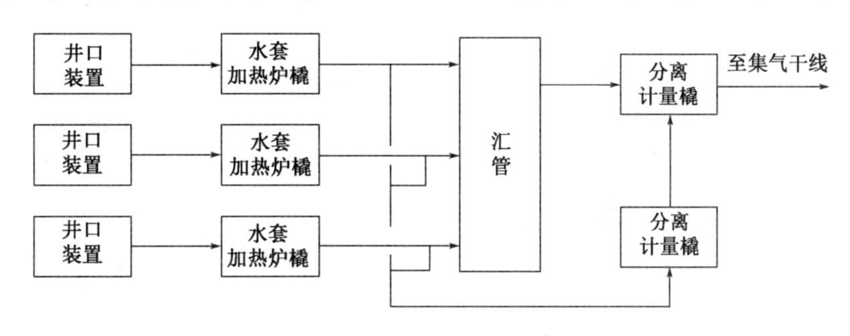

图2.2　单井分离计量流程框图

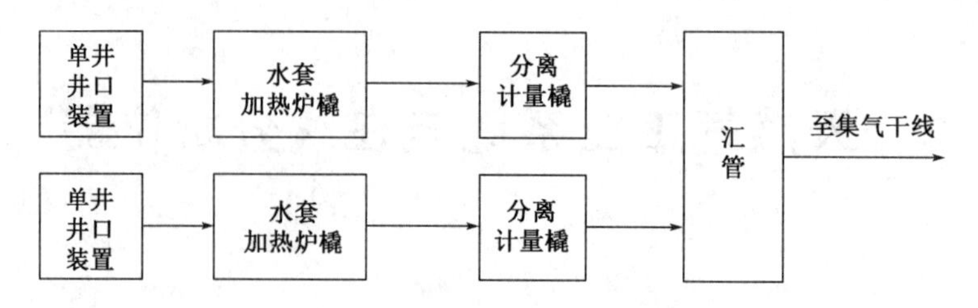

图 2.3　轮换分离计量流程框图

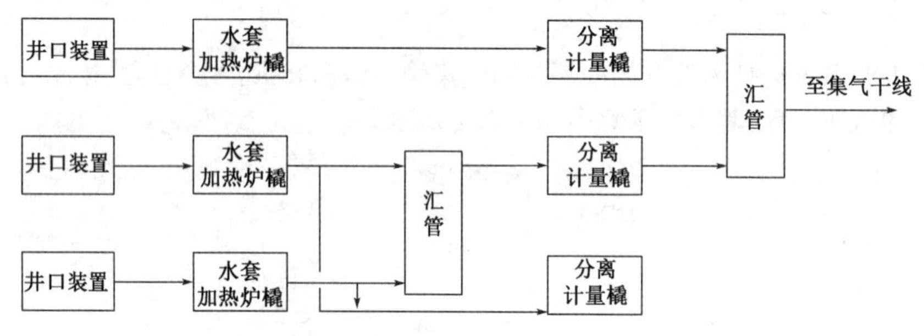

图 2.4　混合计量流程框图

在图 2.5 至图 2.10 中的天然气加工与处理环节,安装了在线分析仪器与系统,在线分析技术对天然气生产过程控制起到了极其重要的作用,主要在线分析仪器包括在线水分分析仪、在线硫醇分析仪、在线 H_2S 分析仪、在线 SO_2 分析仪、在线 H_2S/SO_2 比值分析仪、在线氧含量分析仪、在线 pH 分析仪、在线水中油分析仪、在线天然气色谱分析仪等分析仪器。

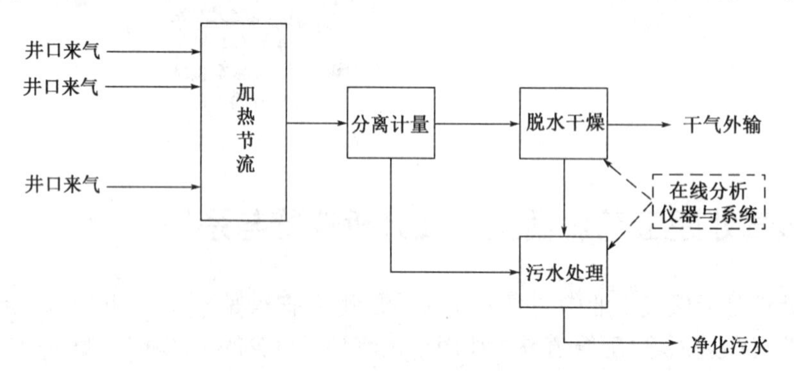

图 2.5　天然气干气输送方案流程框图

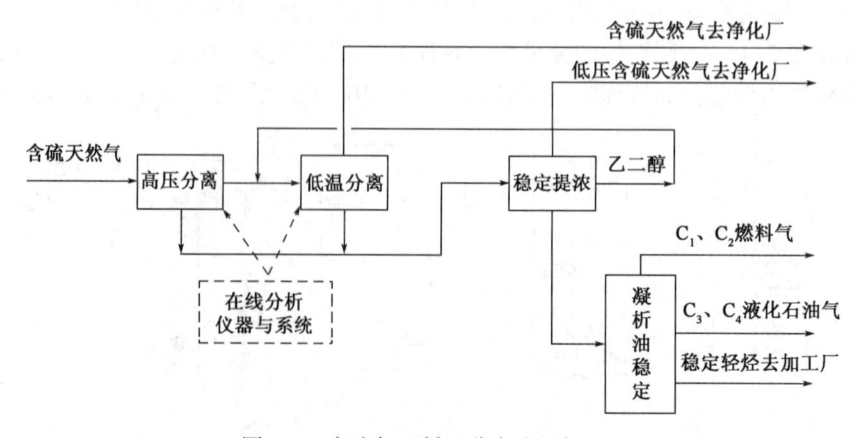

图 2.6　含硫气田低温分离流程框图

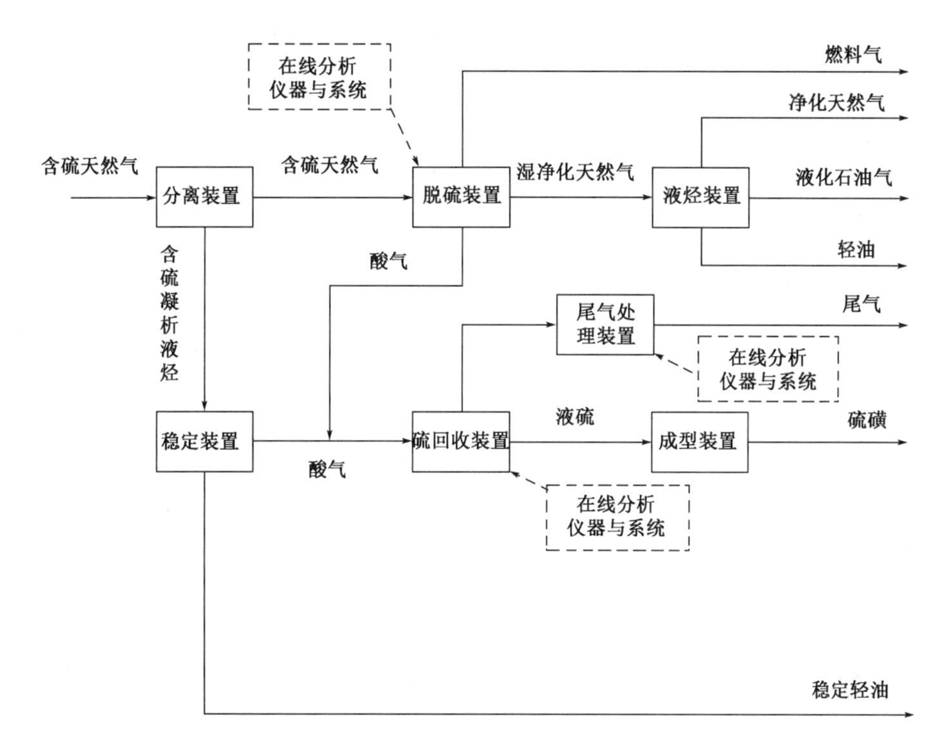

图 2.7　含硫天然气加工与处理流程框图

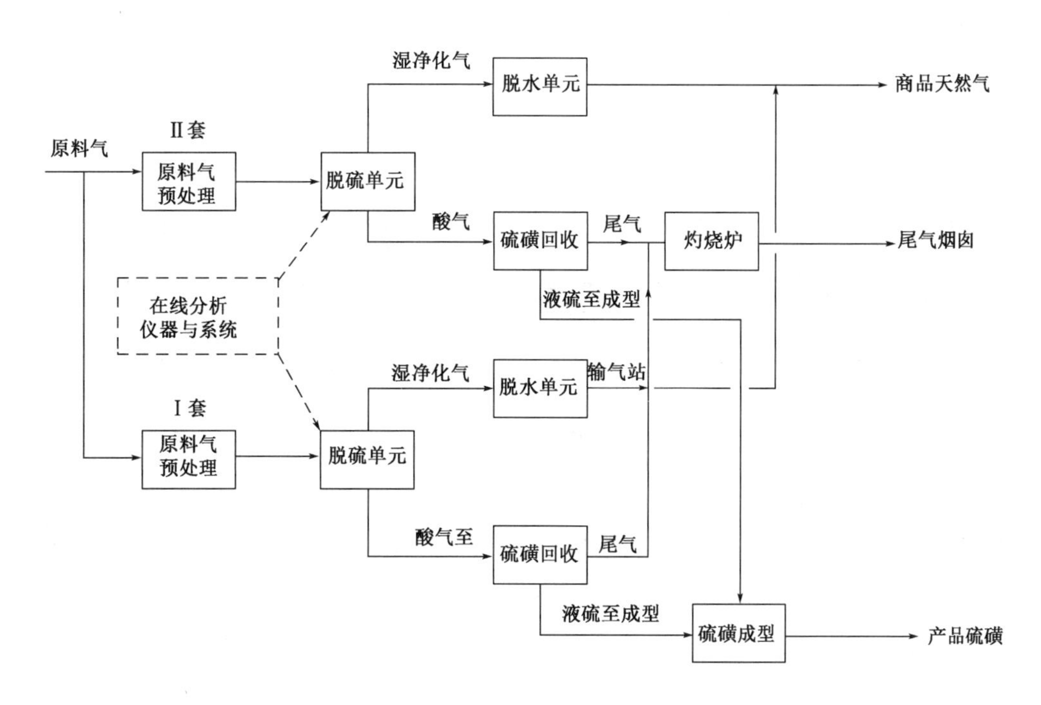

图 2.8　四川某含硫天然气净化厂双系列流程框图

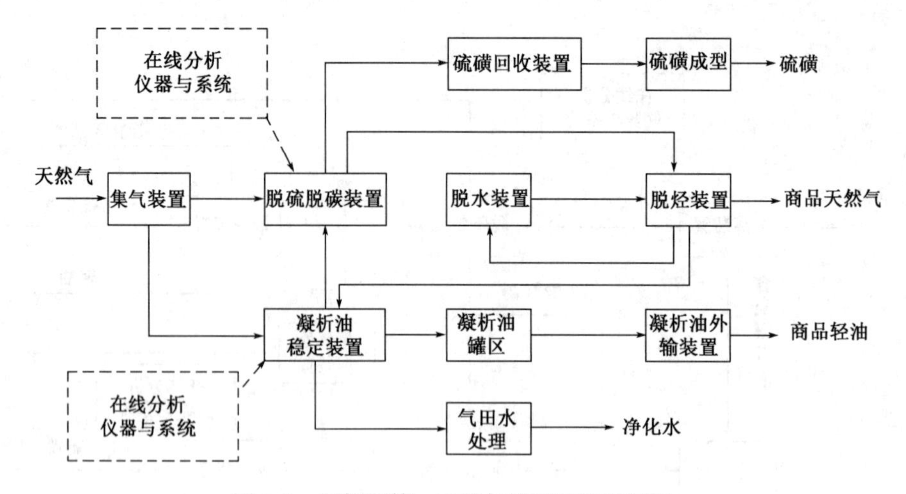

图 2.9　阿姆河第一天然气处理厂流程框图

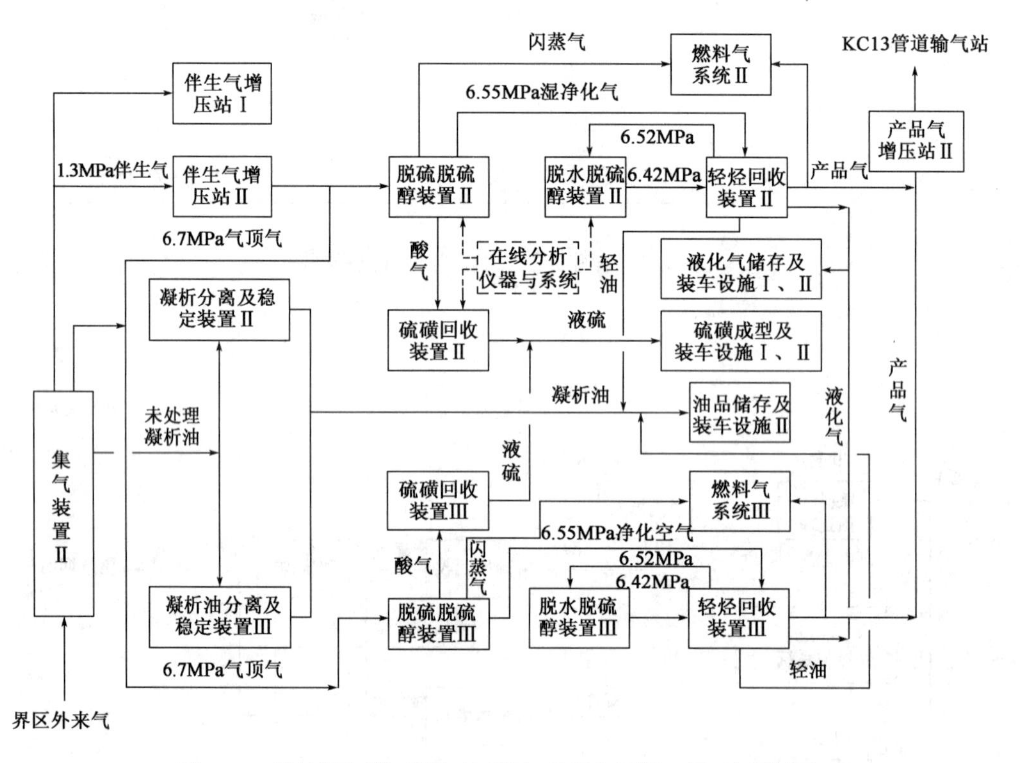

图 2.10　让纳诺尔第三油气处理厂（Ⅱ期和Ⅲ期工程）流程框图

3 红外线气体分析器原理

3.1 电磁辐射波谱和吸收光谱法

3.1.1 电磁辐射及其波谱

1）电磁辐射

电磁辐射是能量以电磁波形式发射到空间的现象。电磁辐射具有波动性与微粒性，其波动性表现为辐射的传播以及反射、折射、散射、衍射、干涉等，可用传播速度、频率、波长等参量来描述；其微粒性表现为，当电磁辐射与物质相互作用时引起辐射的吸收、发射等，可用能量来描述。电磁辐射的波动性与微粒性用普朗克方程式联系起来。

$$E = h\nu \tag{3.1}$$

式中 E——辐射的光子能量，J；

ν——辐射的频率，s^{-1}；

h——普朗克常数，取 6.626×10^{-34} J·s 。

若将式(3.1)用波长表示，则为

$$E = \frac{hc}{\lambda} \tag{3.2}$$

式中 λ——波长，cm；

c——光速，取 3×10^{10} cm/s。

用式(3.2)可以方便地计算出各种频率或各种波长光子的能量。从式(3.2)可以看出，波长与能量成反比，波长越短，能量越大；频率与能量成正比，频率越高，能量越大。

2）电磁辐射波谱

电磁波按频率、波长、波数或能量的大小顺序进行排列，构成电磁波谱，如表3.1所示。从表中可以看出，不同波段的电磁波，产生的方法和引起的作用各不相同，因而出现了各种波谱分析方法。

表 3.1 电磁辐射波谱和各种波谱分析法一览表

波长	单位													
波长	纳米 nm	10^{-3}	10^{-2}	10^{-1}	1	10	10^{2}	10^{3}	10^{4}	10^{5}	10^{6}	10^{7}	10^{8}	10^{9}
	微米 μm	10^{-6}	10^{-5}	10^{-4}	10^{-3}	10^{-2}	10^{-1}	1	10	10^{2}	10^{3}	10^{4}	10^{5}	10^{6}
	埃 Å①	10^{-2}	10^{-1}	1	10	10^{2}	10^{3}	10^{4}	10^{5}	10^{6}	10^{7}	10^{8}	10^{9}	10^{10}

波段	γ射线	X射线	紫外光		可见光	红外光	微波	射频
谱型	γ射线（光）谱 莫斯鲍尔（波）谱	X射线（光）谱	真空紫外	近紫外	比色，可见吸收光谱	红外吸收光谱	顺磁共振；微波波谱	核磁共振波谱
			紫外吸收光谱					

续表

跃迁类型	核反应	内层电子跃迁	外层电子跃迁		分子振动	分子转动; 电子自旋;核自旋	
辐射源	原子反应堆, 粒子加速器	X 射线管	氢(或氘) 灯或氙灯	钨灯	碳化硅热棒; 涅恩斯特辉 光管	速调管	电子振荡器
单色器	脉冲—高度 鉴别器	晶体光栅	石英棱镜; 光栅	玻璃棱镜; 光栅滤光片	盐棱:LiF; NaCl;KBr; $CaBr_2$	单色光源	
检测器	盖革—米勒管;闪烁计数器; 半导体探测器		光电管; 光电倍增管	光电池; 光电管;肉眼	温差电堆; 测热辐射计; 气动检测器	晶体二极管	二极管; 三极管; 晶体三极管
频率,Hz	10^{20} 10^{19} 10^{18} 10^{17} 10^{16} 10^{15} 10^{14} 10^{13} 10^{12} 10^{11} 10^{10} 10^{9}						
波数,cm^{-1}	10^{10} 10^{9} 10^{8} 10^{7} 10^{6} 10^{5} 10^{4} 10^{3} 10^{2} 10 1 0.1						
辐射能,eV	10^{6} 10^{5} 10^{4} 10^{3} 10^{2} 10 1 10^{-1} 10^{-2} 10^{-3} 10^{-4} 10^{-5}						

①1Å = 0.1nm。

表 3.1 中有关参量的定义及单位说明如下。

(1)波长(wavelength)。

波长的符号为 λ,指在周期波传播方向上,相邻两波同相位点间的距离。为了方便起见,通常在波形的极大值或极小值处进行测量。由于各波谱区的波长范围不同,习惯上用不同单位表示:γ 射线和 X 射线、可见光、紫外光用 nm;红外光常用 μm 和波数 cm^{-1};微波用 mm;射频用 m。

(2)波数(wave number)。

波数的符号为 $\bar{\nu}$(或 σ),指每厘米中所含波的数目,它等于波长的倒数,即 $\bar{\nu} = 1/\lambda$,单位为 cm^{-1}(每厘米)。波数这一参量多用在红外辐射的研究及应用中。若波长以 μm 为单位,波数与波长的换算关系为

$$\bar{\nu}/cm^{-1} = \frac{1}{\lambda/cm} \tag{3.3}$$

$$\bar{\nu}/cm^{-1} = \frac{10^4}{\lambda/\mu m} \tag{3.4}$$

波数与频率之间的关系是波数 $\bar{\nu}$ 等于频率 ν 除以光速 c:

$$\bar{\nu} = \frac{\nu}{c} \tag{3.5}$$

$$c = \nu\lambda = \frac{\nu}{\bar{\nu}} \rightarrow \bar{\nu} = \frac{\nu}{c} \tag{3.6}$$

(3)频率(frequency)。

频率的符号为 ν(或 f),指单位时间内电磁辐射振动周数,单位为 Hz(赫兹,s^{-1})。

$$\nu = N/t \tag{3.7}$$

式中,N 是电磁辐射振动周数,t 是时间。

电磁辐射频率 ν、波长 λ 和进行速度 v 三者间的关系为

$$v = \nu\lambda \tag{3.8}$$

在真空中,辐射的速度与频率无关,此速度以符号 c 表示,其值为 299792458m/s。无论在真空还是空气中,可以三位有效数字表示为

$$c = \nu\lambda = 3.00 \times 10^{8}(\mathrm{m/s}) = 3.00 \times 10^{10}(\mathrm{cm/s}) \tag{3.9}$$

(4)辐射能(radiant energy)。

辐射能的符号为 E,指以辐射的形式发射、传播或接收的能量,单位为 J(焦耳)。

$$1\mathrm{J} = 1\mathrm{kg} \cdot \mathrm{m}^{2} \cdot \mathrm{s}^{-2} = 1\mathrm{W} \cdot \mathrm{s} = 1\mathrm{N} \cdot \mathrm{m} \tag{3.10}$$

在电磁辐射及其实际应用中,往往用电子伏特(eV)作为光子的能量单位,电子伏特(eV)与焦耳(J)之间的换算关系为

$$1\mathrm{eV} \approx 1.602 \times 10^{-19}\mathrm{J} \tag{3.11}$$

$$1\mathrm{J} \approx 6.242 \times 10^{18}\mathrm{eV} \tag{3.12}$$

用电子伏特单位表示的普朗克常数为

$$h = 6.626 \times 10^{-34}\mathrm{J} \cdot \mathrm{s} \tag{3.13}$$

$$h \approx 6.626 \times 10^{-34} \times 6.242 \times 10^{18}\mathrm{eV} \cdot \mathrm{s} \tag{3.14}$$

$$h = 4.136 \times 10^{-15}\mathrm{eV} \cdot \mathrm{s} \tag{3.15}$$

3.1.2 吸收光谱法

1)吸收光谱法的定义

吸收光谱法是波谱分析法中的一种。电磁辐射与物质相互作用时产生辐射的吸收,引起原子、分子内部量子化能级之间的跃迁,测量辐射波长或强度变化的一类光学分析方法,称为吸收光谱法。

吸收光谱法是基于物质对光的选择性吸收而建立的分析方法,包括原子吸收光谱法和分子吸收光谱法两类,紫外—可见分光光度法、红外吸收光谱法均属于分子吸收光谱法。

吸收光谱法所涉及的光谱名称、波长范围、量子跃迁类型和光学分析方法见表 3.2。

表 3.2 光学分析方法

光谱名称	波长范围	量子跃迁类型	光学分析方法
X 射线	0.01 ~ 10nm	K 和 L 层电子	X 射线光谱法
远紫外线	10 ~ 200nm	中层电子	真空紫外光谱法
近紫外线	200 ~ 400nm	价电子	紫外光谱法
可见光	400 ~ 780nm	价电子	比色及可见光谱法
近红外线	0.78 ~ 2.5μm	分子振动	近红外光谱法
中红外线	2.5 ~ 25μm	分子振动	中红外光谱法
远红外线	25 ~ 1000μm	分子转动和低位振动	远红外光谱法
微波	1 ~ 1000mm	分子转动	微波光谱法
无线电波	1 ~ 1000m	核自旋	核磁共振光谱法

注:波长范围的界限不是绝对的,各波段之间连续过渡,因而有关书籍、资料中对波长范围的划分不尽相同。

2)吸收光谱法的作用机理

由物理学中可知,分子由原子和外层电子组成。各外层电子的能量是不连续的分立数值,

即电子是处在不同的能级中。分子中除了电子能级之外,还有组成分子的各个原子间的振动能级和分子自身的转动能级。

当从外界吸收电磁辐射能时,电子、原子、分子受到激发,会从较低能级跃迁到较高能级,跃迁前后的能量之差为

$$E_2 - E_1 = h\nu \tag{3.16}$$

式中 E_2、E_1——较高能级和较低能级(跃迁前后的能级)的能量;

ν——辐射光的频率;

h——普朗克常数,取 $4.136 \times 10^{-15}\mathrm{eV \cdot s}$ 。

当某一频率 ν 电磁辐射的能量 E 恰好等于某两个能级的能量之差($E_2 - E_1$)时,便会被某种粒子吸收并产生相应的能级跃迁,该电磁辐射的频率和波长称为某种粒子的特征吸收频率和特征吸收波长。

电子能级跃迁所吸收的辐射能为 1 ~ 20eV ,吸收光谱位于紫外光和可见光波段(200 ~ 780nm);分子内原子间的振动能级跃迁所吸收的辐射能为 0.05 ~ 1.0eV ,吸收光谱位于近红外和中红外波段(780nm ~ 25μm);整个分子转动能级跃迁所需吸收的辐射能为 0.001 ~ 0.05eV ,吸收光谱位于远红外和微波波段(25 ~ 10000μm)。

3.2 红外线气体分析与仪器

3.2.1 红外线气体分析的测量原理

红外线是电磁波谱中的一段,介于可见光区和微波区之间,因为它在可见光谱红光界限之外,所以得名红外线。在整个电磁波谱中红外波段的热功率最大,红外辐射主要是热辐射。红外线气体分析器使用的波长范围通常在 1 ~ 16μm 之内。

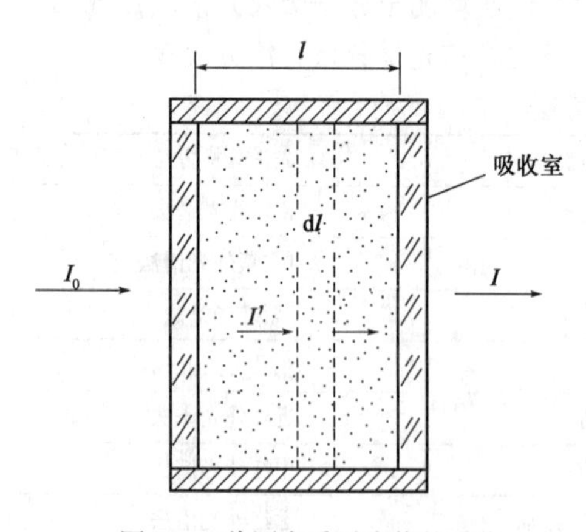

图 3.1 待测介质对光能的吸收

红外线通过待测介质层时具有吸收光能的待测介质就吸收一部分能量,使通过后的能量较通过前的能量减少。下面分析待测介质(即待分析组分)对红外光线能量的吸收规律。入射光为平行光,光的强度为 I_0,出射光的强度为 I,吸收室内待测介质的厚度为 l,如图 3.1 所示。

取吸收室内薄层介质对光能的吸收,设薄层的厚度为 $\mathrm{d}l$,其中能吸收光能的物质浓度为 c,进入该薄层的光强度为 I'。实践证明,仪器对光能的吸收量与入射光的强度 I'、薄层中能吸收光能物质的分子数 $\mathrm{d}N$ 成正比,即 $\mathrm{d}l$ 层中的吸光能量为

$$\mathrm{d}I' = -I'k\mathrm{d}N \tag{3.17}$$

式中,k 为比例常数,即待测介质对光能的吸收系数,“ - ”号表示光能量是衰减的。显然:

$$\mathrm{d}N = c\mathrm{d}l \tag{3.18}$$

$$\frac{\mathrm{d}I'}{I'} = -kc\mathrm{d}l \tag{3.19}$$

对式(3.19)进行积分,则得

$$\int_{I_0}^{I'} \frac{dI'}{I} = -kc\int_0^l dl \tag{3.20}$$

$$\ln I' - \ln I_0 = -kcl \tag{3.21}$$

即

$$I' = I_0 e^{-kcl} \tag{3.22}$$

式(3.22)就是朗伯—比尔定律。公式表明待分析物质是按照指数规律对射入它的光辐射能量进行吸收的。经吸收后剩下来的光能可用式(3.21)来求得:

$$I = I_0 - I' \tag{3.23}$$

$$I = I_0 - I_0 e^{-kcl} \tag{3.24}$$

$$I = I_0(1 - e^{-kcl}) \tag{3.25}$$

应该指出的是,吸收系数 k 对单色光(特征吸收波长)来说是常数,而且随波长不同而不同,但实际上由光源得到的光大多数不是单色光。所以严格地说 k 应写作 $k(\lambda)$,即对应不同波长的吸收系数。

式(3.25)也称为指数吸收定律。e^{-kcl}可根据指数的级数展开为

$$e^{-kcl} = 1 + (-kcl) + \frac{(-kcl)^2}{2!} + \frac{(-kcl)^3}{3!} + \cdots \tag{3.26}$$

当待测组分浓度很低时,$kcl \ll 1$,略去$\frac{(-kcl)^2}{2!}$以后各项,式(3.26)可以简化为

$$e^{-kcl} = 1 + (-kcl) \tag{3.27}$$

此时,式(3.27)所表示的指数吸收定律就可以用线性吸收定律来代替。

$$I = I_0(1 - kcl) \tag{3.28}$$

式(3.28)表明,当 kcl 很小时,辐射能量的衰减与待测组分的浓度 c 呈线性关系。

3.2.2 特征吸收波长

在近红外和中红外波段,红外辐射能量较小,不能引起分子中电子能级的跃迁,而只能被样品分子吸收,引起分子振动能级的跃迁,所以红外吸收光谱也称为分子振动光谱。当某一波长红外辐射的能量恰好等于某种分子振动能级的能量之差时,才会被该种分子吸收,并产生相应的振动能级跃迁,这一波长便称为该种分子的特征吸收波长。

所谓特征吸收波长,是指吸收峰顶处的波长(中心吸收波长),在特征吸收波长附近,有一段吸收较强的波长范围,这是由于分子振动能级跃迁时,必然伴随有分子转动能级的跃迁,即振动光谱必然伴随有转动光谱,而且相互重叠,因此,红外吸收曲线不是简单的锐线,而是一段连续的较窄的吸收带。这段波长范围可称为特征吸收波带(吸收峰),几种气体分子的红外线特征吸收波带范围见表3.3。

表 3.3 几种气体分子的红外线特征吸收波带范围

气体名称	分子式	红外线特征吸收波带(吸收峰)范围,μm	吸收率,%
一氧化碳	CO	4.5~4.7	88
二氧化碳	CO_2	2.75~2.8;4.26~4.3;14.25~14.5	90,97,88
甲烷	CH_4	3.25~3.4;7.4~7.9	75,80
二氧化硫	SO_2	4.0~4.17;7.25~7.5	92,98
氨	NH_3	7.4~7.7;13.0~14.5	96,100
乙炔	C_2H_2	3.0~3.1;7.35~7.7;13.0~14.0	98,98,99

注:表中仅列举了红外线气体分析器中常用到的吸收较强的波带范围。

3.2.3 红外线气体分析器的类型

目前使用的红外线气体分析器类型很多,分类方法也较多。

(1)从是否采用分光技术来划分,可分为分光型(色散型)和非分光型(非色散型)两种。

①分光型(DIR)。分光型是根据待测组分的特征吸收光谱,采用一套分光系统(可连续改变波长),使通过介质层的辐射光谱与待测组分的特征吸收光谱相吻合,以对待测组分进行定性、定量的测定。这类分析器的优点是选择性好,灵敏度也比较高。缺点是分光系统分光后光束的能量很小,同时分光的光学系统任一元件位置的微小变化,都会严重影响分光的波长,所以一直用于工作条件很好的实验室,因此把分光型也称为实验室型。随着科学技术的发展和生产需要,特别是窄带干涉滤光片的发展,在生产流程上分光型的红外分析器也越来越多。它的结构与非分光型的区别只是有无干涉滤光片。为了与采用光栅分光连续改变波长的仪器相区别,也有人将这种采用干涉滤光片在固定波长处分光的仪器称为固定分光型(CDIR)红外分析器。

②非分光型(NDIR)。光源发出的连续光谱全部都投射到被测样品上,待测组分吸收其特征吸收波长的红外光,由于待测组分往往不止一个吸收波长,例如,CO_2在波长为2.6~2.9μm及4.1~4.5μm处具有吸收峰,因而就NDIR的检测方式来说具有积分性质。因此非分光型仪器的灵敏度比分光型高得多,并且具有较高的信噪比和良好的稳定性。其主要缺点是待测样品各组分间有交叉重叠的吸收峰时,会给测量带来干扰,但可在结构上增加干扰滤波气室等办法去掉这种干扰的影响。

(2)从光学系统来划分,可以分为双光路(双气室)和单光路(单气室)两种。

①双光路(双气室)。从精确分配的一个光源,发出两路彼此平行的红外光束,分别通过几何光路相同的测量气室、参比气室后进入检测器。

②单光路(单气室)。从光源发出的单束红外光,只通过一个几何光路(分析气室),但是对于检测器而言,接收到的是两束不同波长的红外光束,只是它们到达检测器的时间不同而已。这是利用滤波轮的旋转(在滤波轮上装有干涉滤光片或滤波气室),将光源发出的光调制成不同波长的红外光束,轮流送往检测器,实现时间上的双光路。为了便于区分这种时间上的双光路,通常将测量波长光路称为测量通道,参比波长光路称为参比通道。

(3)从使用的检测器类型来划分。

红外线气体分析器中使用的检测器,目前主要有薄膜电容检测器、微流量检测器、光电导检测器、热释电检测器四种。根据结构和工作原理上的差别,可以将其分成两类,前两种属于气动检测器,后两种属于固体检测器。

①气动检测器。靠气动压力差工作,薄膜电容检测器中的薄膜振动靠这种压力差驱动,微流量检测器中的流量波动也是由这种压力差引起的。这种压力差来源于红外辐射的能量差,而这种能量差是由测量光路和参比光路形成的,所以气动检测器一般和双光路系统配合使用。非分光型(NDIR)红外源自气动检测器,气动检测器内密封的气体和待测气体相同(通常是待测气体和氩气的混合气),所以光源光谱的连续辐射到达检测器后,它只对待测气体特征吸收波长的光谱有灵敏度,不需要分光就能得到很好的选择性。

②固体检测器。光电导检测器和热释电检测器的检测元件均为固体器件,根据这一特征将其称为固体检测器。固体检测器直接对红外辐射能量有响应,对红外辐射光谱无选择性,它对待测气体特征吸收光谱的选择是借助于窄带干涉滤光片实现的。与其配用的光学系统一般为单光路结构,靠相关滤波轮的调制形成时间上的双光路。这种红外分析器属于固定分光型仪器。

由上所述可以看出,这两类检测器的工作原理不同,配用的光路系统结构不同,从是否需要分光的角度来看,两者也是不同的。因此,可以由此出发,将红外线气体分析器划分为两类:采用气动检测器的非分光型双光路红外分析器和采用固体检测器的固定分光型单光路红外分析器。

3.2.4 红外线气体分析器的特点

(1)能测量多种气体:除了单原子的惰性气体(He、Ne、Ar 等)和具有对称结构无极性的双原子分子气体(N_2、H_2、O_2、Cl_2等)外,CO、CO_2、NO、SO_2、NH_3等无机物,CH_4、C_2H_4等烷烃、烯烃、其他烃类及有机物都可用红外线气体分析器进行测量。

(2)测量范围宽:可分析气体的上限达 100%,下限达几个 10^{-6}的浓度。当采取一定措施后,还可进行痕量(10^{-9}级)分析。

(3)灵敏度高:具有很高的检测灵敏度,气体浓度有微小变化都能分辨出来。

(4)测量精度高:测量精度一般都在 ±2% FS,不少产品达到或优于 ±1% FS。

(5)反应快:响应时间 T_{90}一般在 10s 以内。

(6)有良好的选择性:红外线气体分析器有很高的选择性系数,因此它特别适合于对多组分混合气体中某一待分析组分的测量,而且当混合气体中一种或几种组分的浓度发生变化时,并不影响对待分析组分的测量。因此,用红外线气体分析器分析气体时,只要求背景气体(除待分析组分外的其他组分都称为背景气体)干燥、清洁和无腐蚀性,而对背景气体的组成及各组分的变化要求不严,特别是采取滤光技术以后效果更好。

3.3 测量误差分析

3.3.1 背景气体中干扰组分造成的测量误差

在红外线气体分析器中,所谓干扰组分,是指与待测组分的特征吸收带有交叉或重叠的其他组分。

从图 3.2 中可以看出，有些组分的吸收带相互交叉，存在交叉干扰，其中以 CO、CO_2最为典型，给 CO 或 CO_2的测量带来困难。

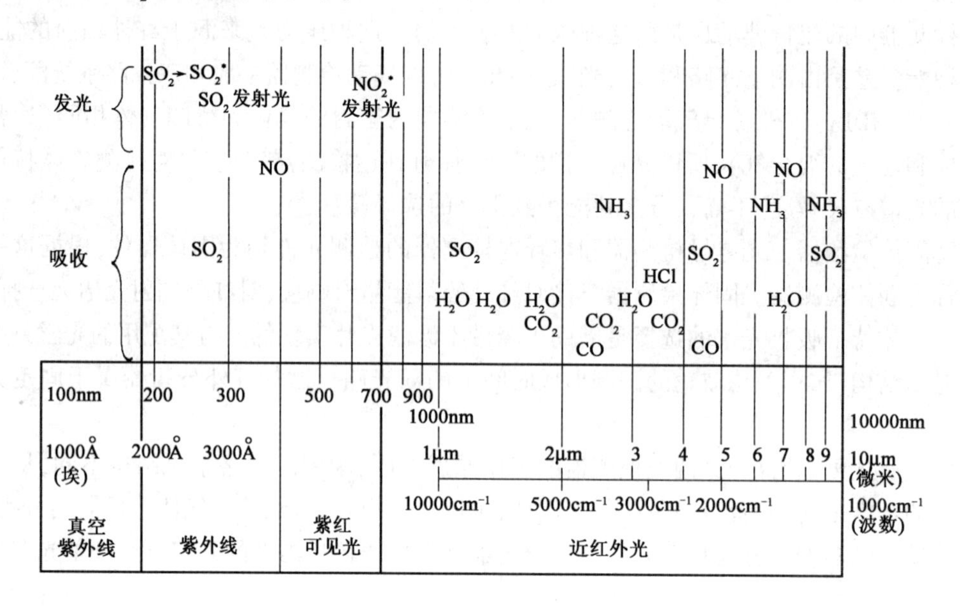

图 3.2　一些烟气组分的主要光谱吸收波带

星号表示带干扰的气体

为消除或减小干扰组分对测量的影响，可采用以下处理方法：

(1)在样品处理环节通过物理或化学方法除去或减少干扰组分，以消除或降低其影响。例如，通过冷凝除水降低样气中水分的浓度(露点)。

(2)如果干扰组分和水蒸气的浓度是不变的，可以用软件直接扣除其影响量。例如，采用带温控系统的冷却器降温除水是一种较好的方法，可将气样温度降至 5℃ ±0.1℃，保持气样中水分含量恒定在 0.85% 左右，使它对待测组分产生的干扰恒定，造成的附加误差是恒定值，可从测量结果中进行处理。

(3)如果干扰组分的浓度不确定和随机变化，可采取滤波措施，设置滤波气室或干涉滤光片。例如，CO、CO_2吸收峰相互交叉，给 CO 的测量带来干扰。可在光路中加装 CO_2滤波气室，使 CO_2吸收波带的光在进入测量气室之前就被吸收掉，而只让 CO 吸收波带的光通过。

也可加装窄带干涉滤光片，其通带比 CO 的吸收峰狭窄得多，红外光中能通过干涉滤光片的只有 CO 特征吸收波长 4.65μm 附近很窄的一段，干扰组分 CO_2无法吸收这部分能量，故避开了干扰。

(4)采用多组分气体分析器，同时测量多种气体组分，通过计算消除不同组分之间的交叉干扰和重叠干扰。

3.3.2　样品处理过程可能造成的测量误差

红外线气体分析器的样品处理系统承担着除尘、除水和温度、压力、流量调节等任务，处理后应使样品满足仪器长期稳定运行要求。除应保证送入分析仪的样品温度、压力、流量恒定和无尘外，特别应注意的是样品的除水问题。

当样气含水量较大时，主要危害有以下几点：

(1)样气中存在的水分会吸收红外辐射,从而给测量造成干扰;

(2)当水分冷凝在晶片上时,会产生较大的测量误差;

(3)水分存在会增强样气中腐蚀性组分的腐蚀作用;

(4)样气除水后可能造成样气的组成发生变化。

为了降低样气含水的危害,在样气进入仪器之前,应先通过冷却器降温除水(最好降至5℃以下),降低其露点,然后伴热保温,使其温度升高至40℃左右,送入分析器进行分析。由于红外分析器恒温在45~60℃工作,远高于样气的露点温度,样气中的水分就不会冷凝析出了。这就是样品处理中的“降温除水”和“升温保湿”。

在采用冷却器降温除水时,某些易溶于水的组分可能损失,例如烟气中的SO_2、NO、CO_2等会部分溶解于冷凝液中。样品处理系统的设计应尽可能避免此种情况,包括迅速将冷凝液从气流中分离出来,尽可能减少冷凝液与干燥后样气的接触时间和面积等。根治这一问题的办法是采用Nafion管干燥器,其优点是Nafion管没有冷凝液出现,根本不存在被测组分流失的问题,样气露点可降低至0℃以下甚至-20℃。

3.3.3 标准气体造成的测量误差

在线分析仪器的技术指标和测量准确度受标准气制约。如果校准用的标准气体纯度或准确度不够,会对测量造成影响,尤其是对微量分析。

1)瓶装标准气体的配气偏差和不确定度指标

瓶装标准气体大多采用称量法配制,其配气偏差和不确定度见表3.4。

表3.4 瓶装标准气体的配气偏差和不确定度指标

配置方法	浓度范围	允许相对配气偏差	不确定度
称量法	100×10^{-6}~1%	±5%	±1%
	1%~5%	±3%	±1%
	5%~50%	±1%	±0.2%

注:(1)表中指标指二组元混合气体,若组分数增加,配气偏差及不确定度也相应增加。
(2)不确定度随气体的种类、浓度值的不同将有适当差异。

配气偏差——组分的用户要求值A与配制后该组分的实际给定值B之间有一差值Δ,Δ称为配气偏差,$\Delta/A\times100\%$称为相对配气偏差。

不确定度——表征被计量的真值所处的量值范围的评定,它表示计量结果附近的一个范围,而被计量的真值以一定的概率落于其中。

2)使用标准气体注意事项

(1)不可使用不合格的或已经失效的标准气体,标准气体的有效期一般是1年。

(2)标准气体的组成应与被测样品相同或相近,含量最好与被测样品含量相近,以尽量减少由于线性度不良而引起的测量误差。

(3)安装气瓶减压阀时,应微开气瓶角阀,用标准气体吹扫连接部,同时安装。其作用是置换连接部死体积中的空气,以免混入气瓶污染标准气体。

(4)输气管路系统要具有很好的气密性,防止环境气体漏入污染标准气体。

3.3.4 电源频率变化造成的测量误差

不同型号的红外线气体分析器切光频率是不一样的。它们都由同步电动机经齿轮减速后带动切光片转动。一旦电源频率发生变化,同步电动机带动的切光片转动频率也发生变化,切光频率降低时,红外辐射光传至检测器后有利于热能的吸收,有利于仪器灵敏度的提高,但响应时间变长。切光频率增高时,响应时间减少,但仪器灵敏度下降。仪器运行时,供电频率一旦超过仪器规定的范围,灵敏度将发生较大变化,使输出示值偏离正常示值。

对于一个 50Hz 的电源,其频率变化误差要求保持在 ±1% 以内,即 ±0.5Hz 以内。如果频率的变化达到 ±0.8Hz 时,由其产生的调制频率变化误差将达到 ±1.6%,根据计算,此时检测部件的热时间常数会发生 ±0.04% 以上的变化,由此造成的测量误差可能达到 ±1.25% ~ ±2.5% 以上。

检测信号经阻抗变换后需进行选频放大。不同仪器的切光调制频率不同,选频特性曲线也不同。一旦电源频率变化,信号的调制频率偏离选频特性曲线,也会使输出示值严重偏离。因此,红外分析器的供电电源应频率稳定,波动不能超过 ±0.5Hz,波形不能有畸变。

3.3.5 温度变化造成的影响

温度对红外分析器的影响体现在两个方面,一是被测气体温度对测量的影响;二是环境温度对测量的影响。

被测气体温度越高,则密度越低,气体对红外能量的吸收率也越低,进而所测气体浓度就越低。红外分析器的恒温控制可有效控制此项影响误差。红外分析器内部设有温控装置及超温保护电路,恒温温度的设定值处在 45 ~60℃之间,视不同厂家的设计而异。

环境温度对光学部件(红外光源、红外检测器)和电气模拟通道都有影响。通过较高温度的恒温控制,选用低温漂元件和软件补偿可以消除环境温度对测量的影响。根据经验,在工业现场应将红外分析器安装在分析小屋内,冬季蒸汽供暖,夏季空调降温,室内温度一般控制在 10 ~30℃之间。不宜将红外分析器安装在现场露天机柜内,因为这种安装方式无论是冬季保暖还是夏季降温均难以解决,夏季阳光照射往往造成超温跳闸。

日常运行时,若无必要不要轻易打开分析器箱门,一旦恒温区域被破坏,需较长时间才能恢复。

3.3.6 大气压力变化造成的影响

大气压力即使在同一个地区、同一天内也是有变化的。天气骤变时,大气压力变化的幅度较大。大气压力变化 ±1% 时,其影响误差约为 ±1.3%(不同原理的仪器有所差别)。对于分析后气样就地放空的分析器,大气压力的这种变化,直接影响分析气室中气样的压力,从而改变了气样的密度及对红外能量的吸收率,造成附加误差。

对一些微量分析或测量精确度要求较高的仪器,可增设大气压力补偿装置,以便消除或降低这种影响。对于高浓度分析(如测量范围 90% ~100%),必须配置大气压力补偿装置。红外线气体分析器的压力补偿技术,有可能将压力变化的影响误差降低一个数量级。例如,高浓度分析的测量误差为 ±1% FS,进行压力补偿后,测量误差可降至 ±0.1% ~0.2% FS。

对于分析后气样排火炬放空或返工艺回收的分析器,排放管线中的压力波动,会影响测量气室中气样的压力,造成附加误差。此时可采取以下措施:

(1)将气样引至容积较大的集气管或储气罐缓冲,以稳定排放压力。

(2)外排管线设置止逆阀(单向阀),阻止火炬系统或气样回收装置压力波动对测量气室的影响。

(3)最好是在气样排放口设置背压调节阀(阀前压力调节阀),稳定测量气室压力。

3.3.7 样品流速变化造成的影响

样品流速和压力紧密关联,样品处理系统堵塞、带液、压力调节系统工作不正常,会造成气样流速不稳定,使气样压力发生变化,进而影响测量。一些精度较差的仪器,当流速变化20%时,仪表示值变化超过5%,对精度较高的仪器,影响则更大。

为了减少流速波动造成的测量误差,取样点应选择在压力波动较小的地方,预处理系统要能在较大的压力波动条件下正常工作,并能长期稳定运行。

气样的放空管道不能安装在有背压、风口或易受扰动的环境中,放空管道最低点应设置排水阀。若条件允许,气室出口可设置背压调节阀或性能稳定的气阻阀,提高气室背压,减少流速变动对测量的影响。

日常维护中应定期检查气室放空流速,一旦发现异常,应找出原因加以排除。

3.4 傅里叶变换红外光谱仪

3.4.1 傅里叶变换红外光谱仪简介

在线分析使用的红外分析仪绝大多数是非分光型的,而实验室分析使用的红外分析仪都是分光型的。分光型仪器可以扫描一段光谱范围,同时测量多个组分,因此也称为红外光谱仪。根据分光技术的不同,实验室红外光谱仪的发展可分为三个阶段:第一代产品采用棱镜分光(1944年至20世纪50年代),第二代产品采用光栅分光(20世纪六七十年代);第三代产品采用干涉分光(20世纪70年代中后期发展起来,到80年代中期以后全面取代了光栅分光红外光谱仪)。

傅里叶变换红外光谱仪(Fourier transform infrared spectrometer,简称FTIR光谱仪)就是第三代产品的典型代表。它由光学系统、电子电路、计算机数据处理、接口和显示装置等部分组成。FTIR光谱仪的组成与原理如图3.3所示。

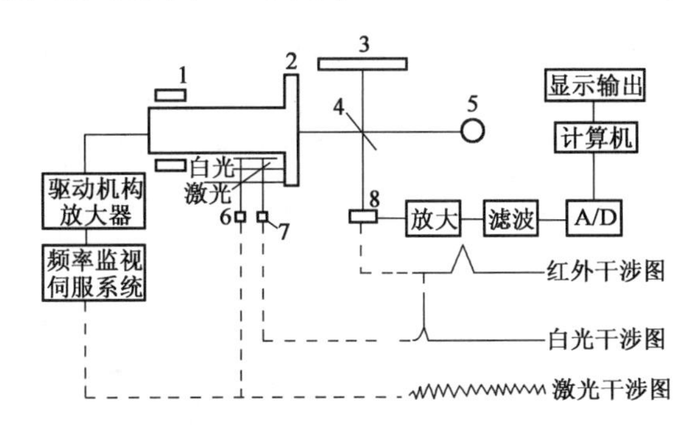

图3.3 FTIR光谱仪的组成与原理示意图

1—动镜驱动机构;2—动镜;3—定镜;4—分束器;5—光源;
6—激光检测器;7—白光检测器;8—红外光检测器

光学系统由定镜、动镜、分束器组成的主干涉仪和激光干涉仪、白光干涉仪、光源、检测器以及各种红外反射镜组成。主干涉仪用于获得样品干涉图。激光干涉仪用于实现主干涉图的等间隔取样、动镜速度和移动距离的监控。白光干涉仪用于保证每次扫描在同一过零点开始取样（近年来新型仪器都取消了白光干涉仪，采用激光回扫相位差来确定采样初始位置）。电子电路的主要功能是把检测器得到的信号经放大器、滤波器处理后送至计算机数据处理系统；另一功能是按键盘输入指令对干涉仪动镜、光源、检测器、分束器的调整进行控制，以实现自动操作。计算机通过接口与光学测量系统的电路相连，把测量的模拟信号转变为数字信号，在计算机内进行运算处理，把计算结果输出给显示器及打印机。计算机系统一般用阵列处理器加快运算速度。

FTIR 光谱仪具有如下突出优点：

（1）大大提高了谱图的信噪比。FTIR 光谱仪所用的光学元件少，无狭缝和光栅分光器，因此到达检测器的辐射强度高，信噪比大。

（2）波数测量精度高，利用氦氖激光器可准确至 $\pm 0.01\text{cm}^{-1}$。

（3）峰形分辨能力强，可达 0.1cm^{-1}。

（4）扫描速度快。傅里叶变换仪动镜一次运动完成一次扫描所需时间仅为一至数秒，可同时测定所有的波数区间。而光栅分光型仪器在任一瞬间只观测一个很窄的频率范围，一次完整的扫描需数分钟。

之前，FTIR 光谱仪仅能用于实验室中而不能用于现场。这是由于以前采用平面镜型干涉仪和动态准直机构，难以耐受现场环境的振动冲击。后来出现了角镜型干涉仪，工作时不需要进行动态调整，使仪器的抗震能力大为增强。此外，以前使用台式计算机进行数据处理，也不适宜在现场使用，体积小巧且功能强大的微处理器系统的出现，才使 FTIR 光谱仪得以用在现场。

在线 FTIR 光谱仪已用于排放源连续监测，其优势之一是使用一台仪器可以同时测量多种气体组分。这一特点适用于燃烧源、有毒废物焚烧炉以及工业生产过程。一般来说，这种仪器最适合测量低相对分子质量化合物（相对分子质量 <50）。

3.4.2 在线 FTIR 光谱仪基本原理

在线 FTIR 光谱仪的典型光谱分析范围为 $2.5 \sim 25\mu\text{m}$（$4000 \sim 400\text{cm}^{-1}$）。FTIR 光谱仪的核心部件是迈克尔逊干涉仪，其工作原理见图 3.4。该系统中有一个移动反射镜（动镜），它可以改变光束穿行的距离。图中的氦氖激光器用于精确测定动镜移动的距离（x）。来自红外光源的光，通过光束分离器被分成两束，一束光透射穿过，一束光被反射出去。透射光束射向动镜，经动镜回射再返回光束分离器。反射光束射向固定反射镜（定镜），同样经定镜回射返回光束分离器。这两束光在光束分离器汇合后，穿过样品池到达检测器。

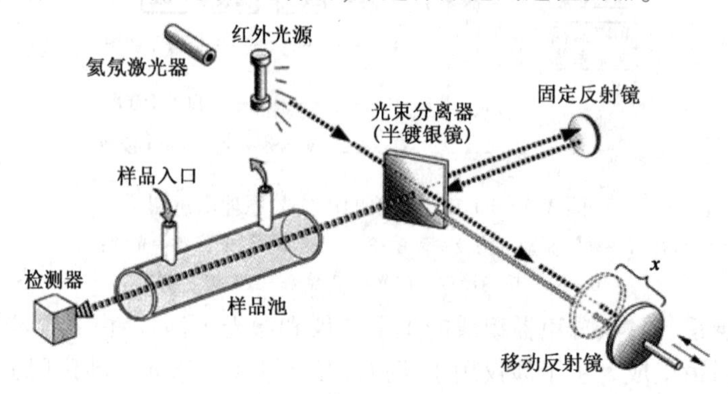

图 3.4 迈克尔逊干涉仪工作原理示意图

当光束分离、各自穿行不同的距离后再度汇合时，根据它们的相位是否相同或者相反（在同一相位或在不同相位），将发生相长或相消干涉。这种干涉产生了光谱信息，可用于测定气体的浓度。

由汞镉碲 HgCdTe（MCT）或氘化硫酸三苷肽（DGTS）材料制成的固态检测器一般可在室温条件下使用，其他固态检测器则需冷却到液氮温度（77K）或其他较低温度下才能使用。

在现今的 FTIR 光谱仪中，参比气室已经不是典型配置，取而代之的是仪器初始运行时获得的参比光谱，这种参比光谱是在测量气室中通入某种不吸收红外光的气体（一般采用氮气）测得的。红外光穿过参比气体后得到的信号提供了一个参比基准（空白值），或者说提供了一个“背景光”测量值，以便与样品测量值进行比较。这个参比信号储存在微处理器系统中，作为随后进行计算时的 I_0 参比值。

对于使用多色光源的干涉仪，所形成的干涉图见图 3.5 和图 3.6。

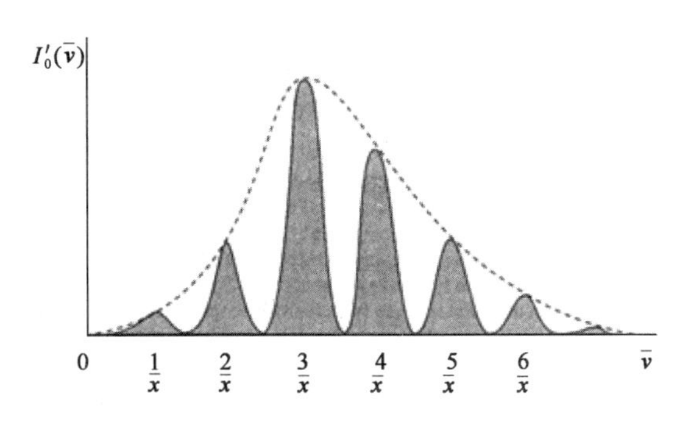

图 3.5　参比气室干涉图

检测器的信号强度是波数的函数，这是采用多色光源，在某一固定的 x 处得到的一张图，图中的虚线表示光源的强度分布

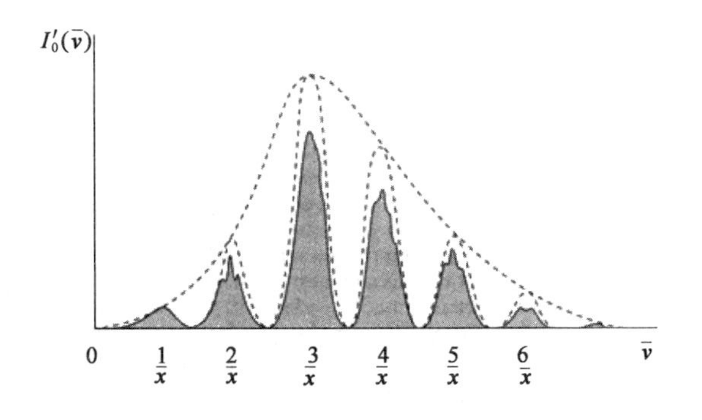

图 3.6　样品气室干涉图

检测器的信号强度是波数的函数，这是当测量气室中有样品气存在，在某一固定的 x 处得到的一张图。图中透射率的降低是由于样品气体对红外辐射的吸收

图 3.5 是使用氮气作参比测量时的干涉图。该图是波数的函数，图中的 x 是对应于动镜所处某一位置的一个固定值。注意，这张图是一条正弦曲线，这条曲线被各种波长的光强所调制。图 3.5 中峰面积积分的数学表达式如下：

$$I_0(x) = \frac{1}{2}\int_{\bar{\nu}_1}^{\bar{\nu}_2} I_0'(\bar{\nu})[1 + \cos(2\pi x\bar{\nu})]\mathrm{d}\bar{\nu} \tag{3.29}$$

其中
$$I_0'(\bar{\nu}) = \frac{\mathrm{d}I_0(\bar{\nu})}{\mathrm{d}\bar{\nu}} \tag{3.30}$$

式(3.29)中的 $I_0(x)$ 表示干涉图中各点光的总强度(各种波长光的综合强度)。对于 x 的每一个值,即动镜的每一个位置,都有一张不同的干涉图和一个不同的 I_0 值。总的参比气室干涉图是通过绘制对应于每个 x 值的 I_0 值得到的。

FTIR 光谱分析方法也是基于朗伯—比尔定律。当测量气室中通入样品气时,红外光将被气室中的样品吸收,结果造成图 3.5 中的吸收峰缩小,如图 3.6 所示。同样,图 3.6 中峰面积积分的数学表达式如下:

$$I(x) = \frac{1}{2}\int_{\bar{\nu}_1}^{\bar{\nu}_2} I'_0(\bar{\nu})10^{\alpha(\bar{\nu})cl}[1 + \cos(2\pi\bar{\nu})]\mathrm{d}\bar{\nu} \tag{3.31}$$

注意,气体浓度 c 是朗伯—比尔定律表达式中的一个参数,而这里的积分表达式是波数的函数,干涉仪不能够扫描波数、频率或者波长。干涉仪检测器上测得的光强只是动镜移动距离 x 的函数。但是,傅里叶变换技术能够将干涉图(它给出的光强变化是动镜移动距离 x 的函数)转变为频谱图(它给出的光强变化是多色光源波数 $\bar{\nu}$ 的函数)。

通过傅里叶逆变换将积分表达式中的 $\bar{\nu}$ 转换为 x:

$$I_0(\bar{\nu}) = \frac{1}{2}\int_{x_1}^{x_2} I_0(x)\ \frac{1}{2}I_0(0)\cos(2\pi\bar{\nu}x)\mathrm{d}x \tag{3.32}$$

$$I(\bar{\nu})10^{\alpha(\bar{\nu})cl} = \frac{1}{2}\int_{x_1}^{x_2} I(x)\ \frac{1}{2}I(0)\cos(2\pi\bar{\nu}x)\mathrm{d}x \tag{3.33}$$

以上两式是当 $I(\bar{\nu})$ 被限定在一个波数范围内时的吸收光谱表达式。

如果两式相除,即可由这种积分式推导出由朗伯—比尔定律形式表达的被测气体浓度计算式:

$$10^{\alpha(\bar{\nu})cl} = \frac{\int_{x_1}^{x_2} I(x)\ \frac{1}{2}I(0)\cos(2\pi\bar{\nu}x)\mathrm{d}x}{\int_{x_1}^{x_2} I_0(x)\ \frac{1}{2}I_0(0)\cos(2\pi\bar{\nu}x)\mathrm{d}x} \tag{3.34}$$

通过氦氖激光器精确测定 x,当红外光束穿过参比气室时测量对应于每个 x 的光强,则可确定 $\alpha(\bar{\nu})cl$ 值。一旦获得这种离散的吸收光谱信息,分析仪的微处理器将立即搜寻期望的定性定量信息。这一步是借助于"光谱图库"实现的,计算机中储存有所有被测气体组分的吸收光谱资料,用来与实测的谱图数据比对。光谱图库是采用 FTIR 光谱仪分析已知浓度的各种化合物组分获得的。

FTIR 分析技术涉及多种技术手段和数学方法的综合应用,其光谱分析过程如图 3.7 所示。

如果样品中的各种化合物不吸收同一波段的红外光,或者它们的指纹图谱不相似,那么这种技术相对来说是简单明了的。如果这些指纹图谱相似或交叠在一起,那么这种技术就会变得难以应用,当样品中含有碳氢化合物或结构类似的有机化合物时,就会出现这种情形。

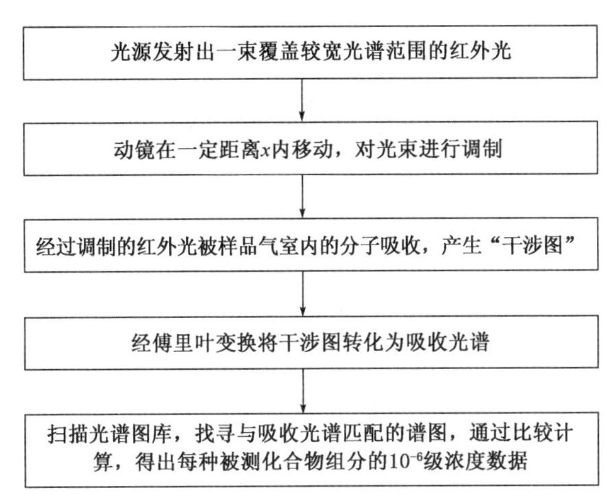

图 3.7　FTIR 光谱分析过程

FTIR 技术的吸引力在于,对于某种新的应用对象,如果需要测量一种新的化合物,并不需要设计一种新的仪器。FTIR 技术能够测量任何一种化合物,测试的条件是这种化合物在特定的红外波段吸收光能。对于某种新的应用对象,FTIR 光谱仪需要将这种化合物的吸收特性及其在排放源中的浓度范围纳入光谱图库。

4 紫外线气体分析仪原理

4.1 紫外—可见吸收光谱法

4.1.1 紫外—可见吸收光谱法的基本特征

1)吸收光谱法的作用机理和谱带形状

吸收光谱法是基于物质对光的选择性吸收而建立的分析方法,包括原子吸收光谱法和分子吸收光谱法两类。紫外—可见吸收光谱法和红外吸收光谱法均属于分子吸收光谱法。

分子由原子和外层电子组成,分子内部的运动可分为外层电子运动、分子内原子在平衡位置附近的振动和分子绕其重心的转动。各外层电子的能量是不连续的分立数值(处在不同的运动轨道中),即电子是处在不同的能级中。分子中除了电子能级之外,还有组成分子的各个原子间的振动能级和分子自身的转动能级。

当从外界吸收电磁辐射能时,电子、原子、分子受到激发,会从较低能级跃迁到较高能级。分子吸收能量具有量子化的特征,即分子只能吸收等于两个能级之差的能量。当某一波长电磁辐射的能量 E 恰好等于某两个能级的能量之差 E_2-E_1时,便会被某种粒子吸收并产生相应的能级跃迁。

电子能级跃迁所需的能量较大,其能量一般在 1 ~ 20eV,吸收光谱位于紫外和可见光波段(100 ~ 780nm);分子内原子间的振动能级跃迁所需的能量较小,一般在 0.05 ~ 1.0eV ,吸收光谱位于近红外和中红外波段(780nm ~ 25μm);整个分子转动能级跃迁所需的能量更小,为 0.001 ~ 0.05eV ,吸收光谱位于远红外波段(25 ~ 1000μm)。

如果电子能级跃迁所需的能量是5eV,其辐射相应的波长为248nm,处于紫外光区。在电子能级跃迁时不可避免地还会产生振动能级的跃迁,振动能级的能量差在 0.05 ~ 1eV 之间。如果能量差是 0.1eV,则它是 5eV 的电子能级间隔的 2% ,所以电子跃迁不只产生一条波长为 248nm 的线,而是产生一系列的线,其波长间隔约为 248nm × 2% ≈ 5nm。在电子能级和振动能级跃迁时,还会伴随着发生转动能级的跃迁。转动能级的间隔一般小于 0.05eV。如果间隔是 0.005eV,则它为 5eV 的 0.1% ,相当的波长间隔是 248nm × 0.1% = 0.25nm。

紫外—可见吸收光谱一般包含有若干谱带系,不同谱带系相当于不同的电子能级跃迁,一个谱带系(即同一电子能级跃迁)含有若干谱带,不同谱带相当于不同的振动能级跃迁。同一谱带内又包含有若干光谱线,每一条线相当于转动能级的跃迁。所以紫外—可见吸收光谱是一种连续的较宽的带状光谱,我们称之为吸收带。

而在近红外和中红外波段,其电磁辐射的能量不足以引起电子能级的跃迁,只能引起振动能级跃迁,同时伴随着转动能级的跃迁,其吸收曲线也不是简单的锐线,而是连续但较窄的带状光谱,称为吸收峰。

2)样品组成、水分、颗粒物对吸收光谱的影响

如果样品中含有不止一种组分,由于各种组分的紫外—可见吸收谱带都比较宽,它们往往

会重叠在一起而难以分开，对单一组分的测量带来严重干扰，如图 4.1 所示。因此，在紫外—可见吸收光谱分析法中，存在的主要问题是各个吸收带之间的重叠干扰。

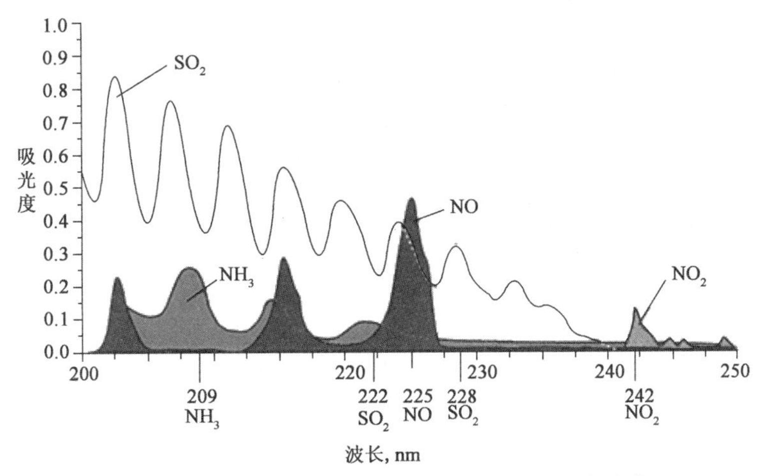

图 4.1　SO_2、NO、NO_2和 NH_3在紫外波段的吸收光谱

而在红外光谱吸收法中，各种组分的红外吸收峰则比较窄，各吸收峰之间一般不会重叠，只有少数吸收峰的边缘部分可能相互交叉，给某些组分的测量（特别是微量分析）带来干扰，因此，在红外光谱分析法中，需要克服的主要问题仅是某些吸收峰之间的交叉干扰。

当样品中含有水分时，对二者的影响是不同的。水分在紫外—可见光谱区虽然也存在对光能的吸收，但是吸收能力相对较弱，除非出现水分含量较高的部分情况，需要将它的吸收干扰特殊处理外，一般情况下，这种干扰可以忽略不计。因而，从测量层面讲，可以无需对样品除水脱湿，只需防止水蒸气的冷凝即可。在烟气排放监测中，紫外线气体分析仪可以采用热湿法测量，就是基于这一优势。

但在红外光谱区，水分在 1 ~ 9μm 波长范围内几乎有连续的吸收带，其吸收带和许多组分的吸收峰重叠在一起。因而在红外分析仪中，必须对样品除水脱湿，即使如此也难以消除水分干扰带来的测量误差。近年来，随着多组分红外分析仪的出现，为解决水分干扰提供了新的途径。

当样品中含有颗粒物时，对二者的影响则是相同的，因为颗粒物（包括固体颗粒物和微小液滴）均会对光线产生散射，无论是紫外还是红外分析仪，均须对样品过滤除尘。

4.1.2　紫外线气体分析器的主要类型

目前常见的紫外线气体分析器基本上可分为两类：一类是采用带通滤光片固定分光的紫外分光光度计，另一类是采用光栅连续分光的紫外分光光谱仪。

1）采用带通滤光片固定分光的紫外分光光度计

当在紫外波段分析气体组分时，通常采用的方法是 DOAS（差分光学吸收光谱）技术。以测量 SO_2为例，测量波长选择在 SO_2吸收波带的中心 285nm 处，而参比波长选择在 SO_2不发生吸收的 578nm 处（图 4.2），NO_2在 285nm 和 578nm 均有吸收且在这两处的吸收相等。由 SO_2和 NO_2在 285nm 处的吸收减去 NO_2在 578nm 处的吸收，即可得到 SO_2在 285nm 处的吸收。

图 4.3 示出了一种采用带通滤光片固定分光的紫外分光光度计的工作原理。光源发出的

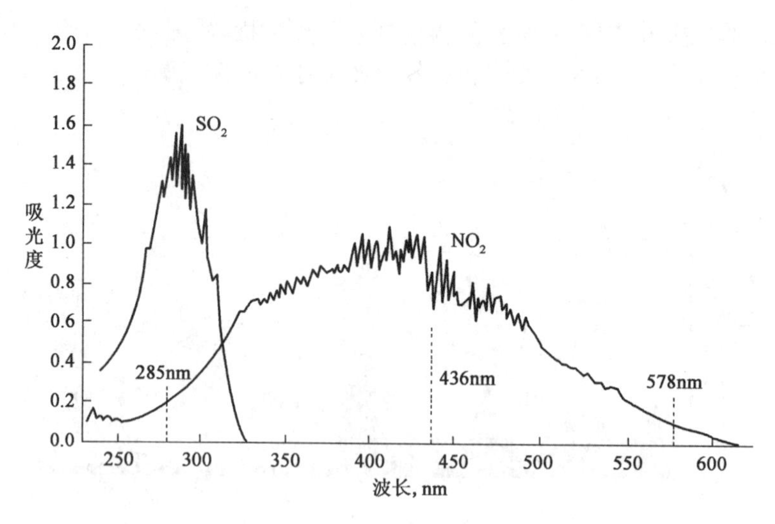

图 4.2　SO_2和 NO_2的吸收光谱

紫外光穿过样品池和安装在旋转滤光片轮上的窄带干涉滤光片到达光电倍增管检测器。测量滤光片只允许中心波长 285nm 附近的紫外光通过,参比滤光片只允许 578nm 附近的紫外光通过。光电倍增管接收到的测量信号和参比信号,经放大、反对数运算和差减运算后得到的吸光度值与 SO_2的浓度成比例。

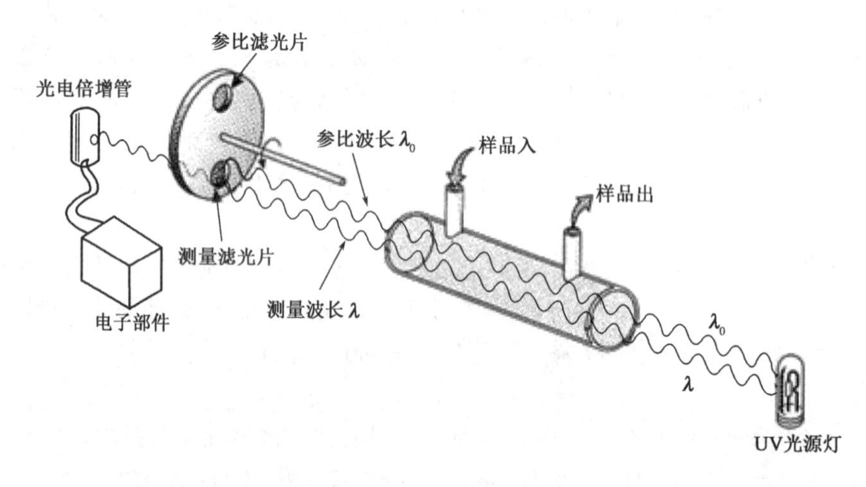

图 4.3　采用带通滤光片固定分光的紫外分光光度计的工作原理图

至于光源老化、供电电源波动对光强的影响,温度变化对气体放电光源的影响等,可能导致仪器出现短期噪声或长期漂移,此类问题造成的影响已由图 4.3 所示的双波长参比系统使其最小化。

从这一例子可以看出,这种采用滤光片分光的双波长仪器,在紫外光区的使用受到诸多限制,因为各种组分的吸收带都较宽且相互重叠,很难找到不受其他组分干扰的测量波长的准确位置,它比较适用于各组分吸收峰彼此分离的红外光区。近些年来,为了适应紫外光区多种组分吸收带彼此重叠的情况,已出现了用滤光片分光的多波长仪器。

2)采用光栅连续分光的紫外分光光谱仪

图 4.4 是一种采用光栅连续分光的紫外分光光谱仪的工作原理图。经衍射光栅分光后的

单色光全部射向二极管阵列检测器，阵列中有1000多个二极管，每个波长的单色光可以同时被检测，从而获得一张完整的吸收光谱，再采用各种谱图解析处理技术（包括化学计量学算法），便可得到被测样品的组成与浓度信息。

这一全谱扫描技术特别适用于紫外吸收光谱的分析，能够同时测量几种气体组分，既可用在抽吸采样式分析仪中，也可用在原位测量式系统中，既可测量气体样品，也可测量液体样品，具有较大发展潜力。

图4.5是另一种紫外分光光谱仪的工作原理图。它采用光纤传输信号，测量气室可以远离光源和检测器，尤其适用于在线分析，可以简化采样环节，避免样品传输和处理带来的麻烦。

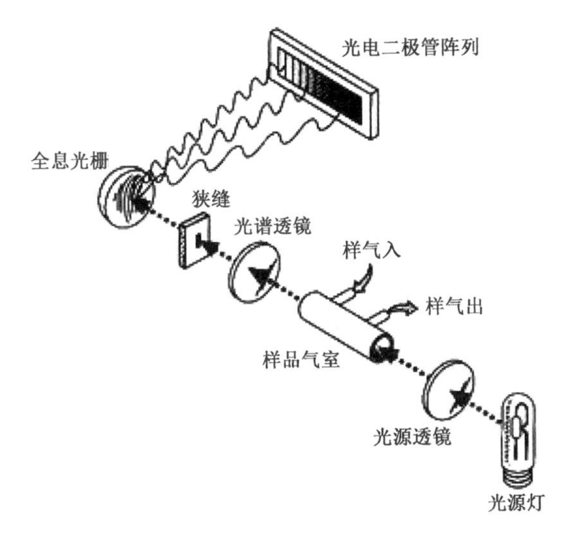

图4.4　采用光栅连续分光的紫外分光光谱仪的工作原理图

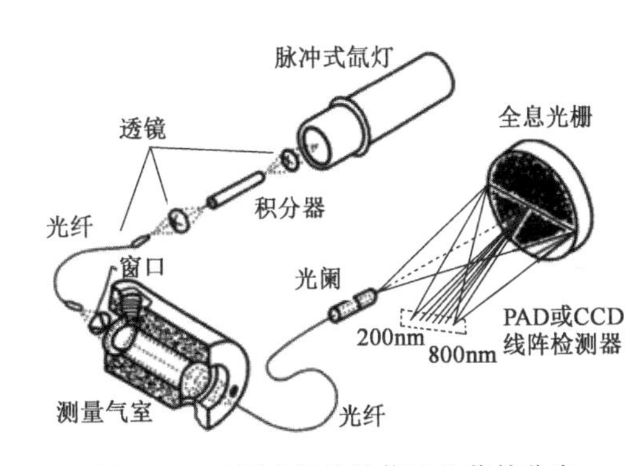

图4.5　采用光纤传输信号的紫外分光光谱仪的工作原理图

4.2　采用滤光片分光的紫外分光光度计

采用滤光片分光的紫外分光光度计就是通常所说的NDUV（不分光、非分散）型紫外线气体分析仪。图4.6是一种双波长紫外分光光度计的原理结构图。当被测气体通过测量气室

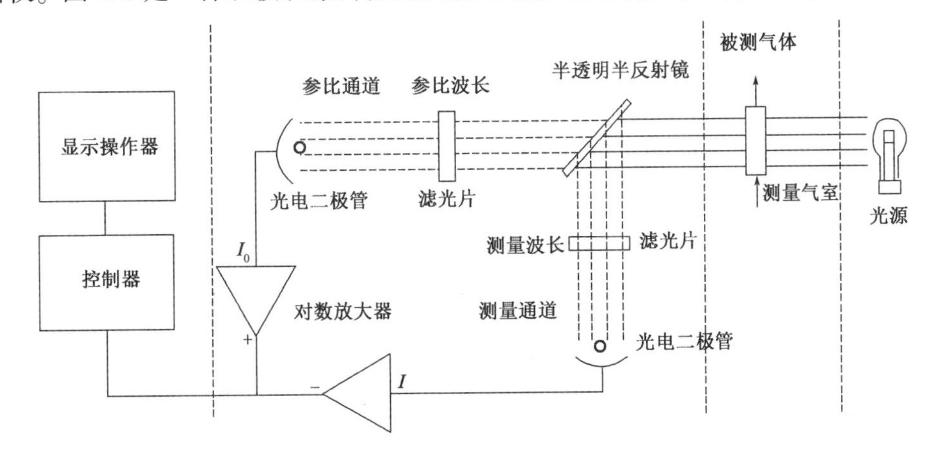

图4.6　双波长紫外分光光度计的原理结构图

时，光源发射的紫外光照射在被测气体上，其中某一波长的光被气体吸收，光束被半透明半反射镜分成两路，每一路通过一个干涉滤光片到达检测器。测量通道上的滤光片只让被测气体吸收波长的光通过，参比通道上的滤光片只让未被气体吸收的某一波长的光通过，测量对数放大器输出值与参比对数放大器输出值之差与被测气体的浓度成正比。

目前，新型紫外分析器的光源已普遍采用闪烁氙灯，其使用寿命可达到4～5年。检测器也开始采用半导体光电二极管，随着生产工艺的提高，其光灵敏度现在也能做得比较高，一些应用可以替代原来常见的光电管及光电倍增管，而且其尺寸小，后级信号处理电路也比较简单，应用前景十分广泛。

根据朗伯—比尔定律：

$$I = I_0 e^{-kcl} \tag{4.1}$$

式中 I_0——射入被测气体的光强；

I——经被测气体吸收后的光强；

k——被测组分对光能的摩尔吸收系数；

c——被测组分的浓度；

l——光线通过被测气体的光程（气室长度）。

由式(4.1)推导可得

$$\lg \frac{I_0}{I} = \frac{1}{2.303} kcl \tag{4.2}$$

式(4.2)中的 $\lg \frac{I_0}{I}$ 就是图4.6中两个对数放大器输出数据的运算式，根据式(4.2)就可计算出被测组分的浓度 c 。图4.7是用双波长紫外分光光度计测量 SO_2 浓度的原理示意图。

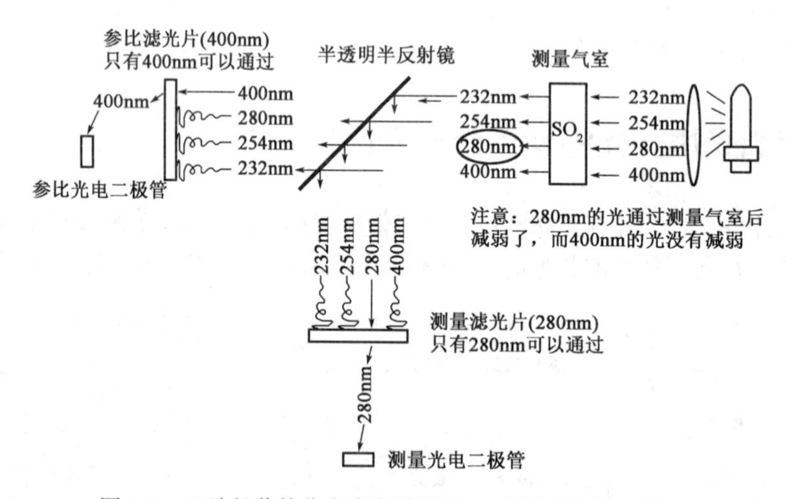

图4.7 双波长紫外分光光度计测量 SO_2 浓度的原理示意图

当被测气体中只有一种组分吸收紫外光时，可以用双波长紫外分析仪进行测量。当被测气体中有两种或两种以上组分都吸收紫外光时，需要采用多波长紫外分析仪进行测量。

当被测气体中有几种组分同时吸收多种波长的紫外光时，它们的吸收带可能重叠在一起，任意一个特定波长紫外线的总吸收量是每种组分的吸收量之和。在对某一测量波长使用朗伯—比尔定律时，将得到一个在该波长下测量得到的吸收量与未知组分浓度相关的线性方程。每个测量波长上的总吸收量等于比例常数乘以第一种组分的摩尔吸光系数与其浓度的乘积，加上第二种组分的摩尔吸光系数与其浓度的乘积,依次类推应用于测量气室中吸收紫外光的所有组分。如果测量波长大于或等于未知浓度组分的数量,则该线性方程组可使用线性代数的标准方法求解。

4.3 采用光栅连续分光的紫外分光光谱仪

4.3.1 紫外分光光谱仪的主要组成

1)光源

氘灯辐射 190 ~ 500nm、氙灯在 200 ~ 400nm 波段内有连续的紫外辐射。氙灯不仅可以连续发光,而且可以脉冲发光,脉冲工作方式使其使用寿命远长于连续光源,可达 4 ~ 5 年,而连续发光氙灯的使用寿命仅有数千小时。

2)光栅

光栅利用光的衍射和干涉现象使复合光按波长进行分解。光栅的种类很多,在紫外分析仪中,应用最广泛的是反射式衍射光栅。根据光栅基面的形状是平面还是凹面,反射式衍射光栅又分为平面光栅和凹面光栅两类;根据光栅是用机械刻划方法还是用全息干涉方法制成的,又可分为刻划光栅和全息光栅(利用激光的干涉条纹和光致抗蚀剂光刻而成)。

反射式平面光栅是在高精度平面上刻有一系列等宽而又等间隔的刻痕所形成的光学元件,一般的光栅在 1mm 内刻有几十条至数千条的刻痕。当一束平行的复合光入射到光栅上时,其上的每一条缝(或槽)都会使光发生衍射,各条缝(或槽)衍射的光又会发生相互干涉,由于多缝衍射和干涉的结果,光栅能将复合光按波长在空间分解为光谱。

所谓光的干涉现象,是指两束或多束具有相同频率、相同振动方向、相近振幅和固定相位差的光波,在空间重叠时,在重叠区形成恒定的加强或减弱的现象。当两光波相位相同时互相增强,振幅等于两振幅之和,称为相长干涉;两光波相位相反时互相抵消,振幅等于两振幅之差,称为相消干涉。

光栅分光原理如图 4.8 所示,两根入射的光线 R_1 和 R_2 到达光栅时,R_1 比 R_2 超前 $b\sin i$(其中 i 是入射角),在离开光栅时,R_2 比 R_1 超前 $b\sin r$(其中 r 是反射角),若两根光线的净光程差 $b(\sin i - \sin r)$ 等于波长的整数倍 $m\lambda$,则光线 R_1 和 R_2 相位相同,并在角 r 的方向形成互相加强的干涉。

若光栅的设置使其入射角与反射角在光栅法线的同侧,则光线离开光栅时,R_1 比 R_2 超前,此时净光程差为 $b(\sin i + \sin r)$。因此,可以得出常见的光栅公式:

$$m\lambda = b(\sin i \pm \sin r) \tag{4.3}$$

式中,m 是干涉级次,当 $m = 0, \pm 1, \pm 2, \pm 3, \cdots$ 时,出现干涉极大值;b 是光栅缝槽间的距离,称为光栅常数。

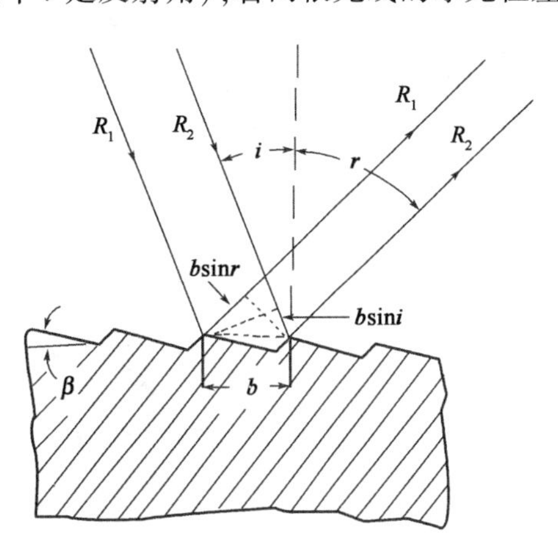

图 4.8　光栅分光原理示意图

由该式可知,当复合光射向光栅时,由于光的干涉,不同波长的同一级主极大值和次极大值(除

零级 $m=0$ 以外)均不重合,而是按波长的次序顺序排列,形成一系列分立的谱线。这样,混合在一起入射的各种不同波长的复合光,经光栅衍射后彼此被分开了。

反射式凹面光栅是在高精度球面上刻划一系列划痕所形成的光栅,它将平面光栅的色散作用和凹面反射镜的聚焦成像作用结合起来。因此,凹面反射光栅型光谱仪的结构很简单,只需狭缝、凹面光栅、阵列探测器即可。由于凹面光栅取代了聚焦元件,减少了光学元件的数量,凹面光栅型光谱仪能取得高的成像质量及高的通光强度(过多的光学元件会增加杂散光,并且由于反射率的影响会使光强减弱很多)。随着激光全息加工技术的发展,凹面光栅可校正像差、低杂散光,且具有平整光谱像面,凹面光栅已成为紫外—分光光谱仪中广泛应用的光栅之一。

3)检测器

(1)光电二极管阵列检测器(PAD,photodiode array detector)。

PAD 是一种固态光电检测器,它由一整块半导体芯片组成,内部集成有半导体光电二极管阵列,每个光电二极管所产生的输出电流大小对应于照射在其上的光的强弱。光源发出的复合光通过测量气室后,由光栅色散,色散后的单色光直接为数百个光电二极管接收,单色光的谱带宽度接近于各光电二极管的间距,因而每个光电二极管所接收的是单一波长的光,其输出值与波长相对应。通过扫描电路,周期地顺序读取各个光电二极管的输出值,便可检测出相应的光谱信息。

PAD 属于一维(线阵)检测器,其特点是检测精度高、线性好,但灵敏度不如光电倍增管。

(2)电荷耦合阵列检测器(CCD,charge coupled device)。

CCD 是一种新型的固态光电检测器,由许多紧密排列的光敏检测阵元组成,每个阵元都是一个金属—氧化物—半导体(MOS)电容器。当一束光线投射在任一电容器上时,光子穿过透明电极及氧化层进入 P 型硅衬底,衬底中的电子吸收光子的能量而跃入电容器的电子势阱中,形成存储电荷。势阱的深浅可由电压大小控制,按一定规则将电压加到 CCD 各电极上,使存储在任一势阱中的电荷运动的前方总是有一个较深的势阱处于等待状态,存储的电荷就沿势阱从浅到深做定向运动,最后经输出二极管将信号输出。由于各势阱中存储的电荷依次流出,因此根据输出的先后顺序就可以判别出电荷是从哪个势阱来的,并根据输出电荷量可知该像元的受光强弱。

阵元尺寸很小,作为光信号检测时有很高的空间分辨能力,检测灵敏度很高,其灵敏度是 PAD 的几倍至几十倍,甚至可与光电倍增管媲美。CCD 可排成一维(线阵)或二维(面阵)检测器,图 4.9 是 CCD 线阵检测元件外观图。

图 4.9　CCD 线阵检测元件外观图(分别为 256 像素、512 像素、1024 像素)

4.3.2 紫外分光光谱仪中使用的差分吸收光谱技术

分子具有其特征吸收光谱,在气体分析中通常将每种分子的特征吸收称为该分子的吸收截面(cross section,紫外波段气体吸收光谱通常以成片的连续吸收出现,故称为气体吸收截面),在液体分析中通常用摩尔吸光系数表示。本节以气体分析为例进行阐述。通过吸收光谱可以进行分子浓度分析,其测量原理就是朗伯—比尔定律:

$$I(\lambda) = I_0(\lambda)\exp[-L\sigma(\lambda)X] \tag{4.4}$$

式中,$I_0(\lambda)$和$I(\lambda)$分别表示波长为λ的光入射时与经过浓度X和光程L的待测物质后的光强;$\sigma(\lambda)$为气体分子的吸收截面。

由朗伯—比尔定律可以定义吸光度A,如式(4.4)所示,它是指光线通过待测物质前的入射光强度与该光线通过物质后的透射光强度比值的对数,是用来衡量光被吸收程度的一个物理量。

$$A = \ln\frac{I_0(\lambda)}{I(\lambda)} \tag{4.5}$$

$$A = L\sigma(\lambda)X \tag{4.6}$$

可见,吸光度与吸光物质的浓度成正比,吸收光谱技术就是通过测量物质的吸光度来得到被测物质的浓度。

在实际的测量过程中,光强的衰减并非只由被测物质的吸收引起,特别是对大气、烟气和工艺气体的测量中,引起光强衰减的因素常常还有瑞利散射(直径远小于光波长的分子颗粒或粉尘颗粒引起)、米氏散射(直径与光波长差不多的粉尘颗粒和水汽颗粒引起),以及肉眼可见的粉尘颗粒和水汽颗粒(直径远大于光波长)的遮光作用。因此上式需要修正表示为

$$A = L[\sum \sigma_i(\lambda)X_i + \varepsilon_R(\lambda) + \varepsilon_M(\lambda) + \varepsilon_d(\lambda)] \tag{4.7}$$

式中 $\sigma_i(\lambda)$、X_i——第i种组分的吸收截面与浓度;

$\varepsilon_R(\lambda)$——瑞利(Rayleigh)散射引起的消光,其消光系数反比于λ^4;

$\varepsilon_M(\lambda)$——米氏(Mie)散射引起的消光,其消光系数反比于λ^n,n取1~3;

$\varepsilon_d(\lambda)$——其他颗粒物的遮光作用。

$\varepsilon_R(\lambda)$、$\varepsilon_M(\lambda)$、$\varepsilon_d(\lambda)$分别表示瑞利散射、米氏散射和遮光。根据这个式子,要完成颗粒物较多工况条件下的测量无疑相当困难,因为后三种消光因素的影响程度都是未知的。

20世纪70年代末,德国Heidelberg大学环境物理研究所的Ulrich Platt教授首先提出了差分光学吸收光谱(DOAS,differential optical absorption spectroscopy)技术。Platt教授发现,后三种消光因素随波长是缓慢变化的,而相当部分气体的吸收光谱同时包含随波长的快速变化和缓慢变化。粉尘颗粒虽然会对吸收光谱的缓慢变化部分形成干扰,但对快速变化部分却几乎没有影响。因此,只要从总的吸收光谱中剔除掉缓慢变化的部分,只用快速变化的部分来进行浓度计算,便可以得到很好的结果。这就是DOAS技术的核心思想:将吸光度的快慢变化分离。图4.10以SO_2为例说明DOAS技术的分析过程。

将分子的吸收截面看成是两部分的叠加,其一是随波长缓慢变化的部分,构成光谱的宽带结构;其二是随波长快速变化的部分,构成光谱的窄带结构,如下式:

$$\sigma_i(\lambda) = \sigma_{i0}(\lambda) + \sigma_{ir}(\lambda) \tag{4.8}$$

式中,$\sigma_i(\lambda)$是分子的吸收截面,$\sigma_{i0}(\lambda)$是吸收截面随波长缓慢变化的部分,$\sigma_{ir}(\lambda)$是吸收截面随波长快速变化的部分。

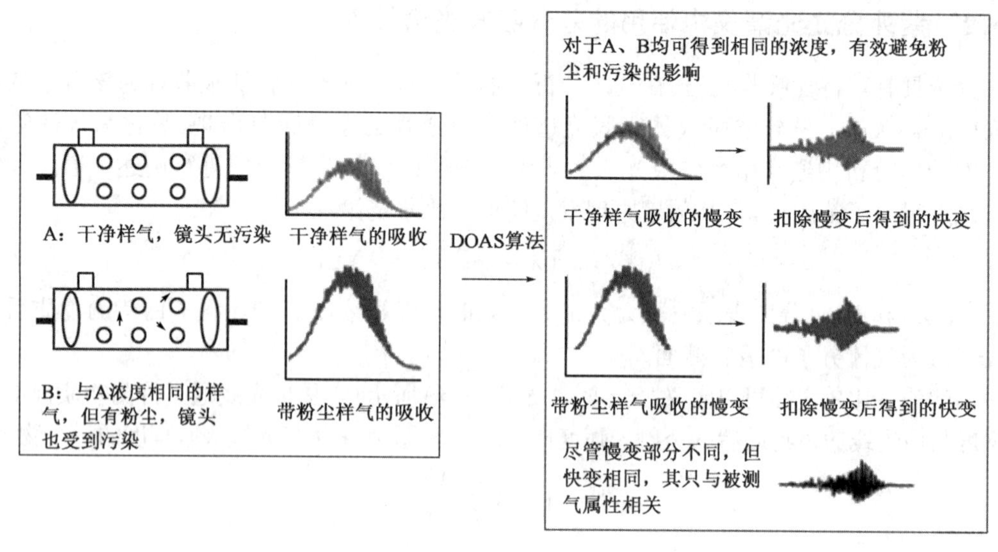

图 4.10　DOAS 技术的分析过程

DOAS 技术的原理就是在吸收光谱中剔除光强随波长缓慢变化的部分，而只留下随波长快速变化的部分，并根据快变部分的吸收强度反演出分子的浓度。

将式(4.8)代入式(4.7)中得

$$A = L[\sum \sigma_{i0}(\lambda)X_i + \sum \sigma_{ir}(\lambda)X_i + \varepsilon_R(\lambda) + \varepsilon_M(\lambda) + \varepsilon_d(\lambda)] \quad (4.9)$$

由于瑞利散射、米氏散射及其他因素的影响引起的消光相对于波长也是缓慢变化的，令

$$A_1 = L[\sum \sigma_{i0}(\lambda)X_i + \varepsilon_R(\lambda) + \varepsilon_M(\lambda) + \varepsilon_d(\lambda)] \quad (4.10)$$

$$A_2 = L[\sum \sigma_{ir}(\lambda)X_i] \quad (4.11)$$

则所有的慢变分量都包括在 A_1 中，A_2 仅包含快变分量，式(4.5)就变为

$$A = A_1 + A_2 \quad (4.12)$$

通过滤波方法将 A_1 滤除，再采用化学计量学算法对 A_2 进行处理，即可求得各待测组分的浓度。采用差分吸收光谱技术测量 SO_2 浓度的原理如图 4.11 所示。

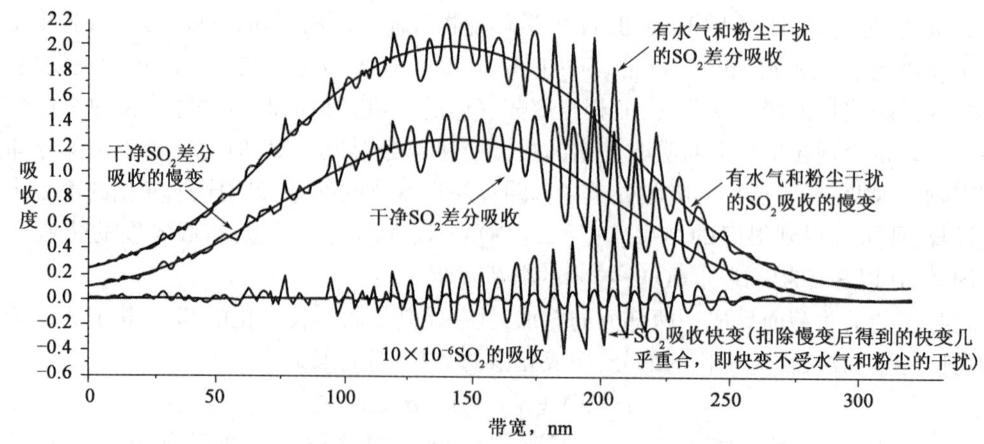

图 4.11　采用差分吸收光谱技术测量 SO_2 浓度的原理示意图

通过 SO_2 吸收的快变与 $10\times10^{-6}SO_2$ 的吸收进行比较，即可计算出 SO_2 的浓度，对于 NO 也是类似

4.4 采用紫外分光光谱仪的热湿法

烟气排放连续监测系统(CEMS)中气态污染物的监测传统上采用非分光红外分析仪，它需要一套复杂的样品处理系统，烟气经过滤、冷却除湿后才能送入仪器进行分析。在冷却除湿过程中，气体中的SO_2会溶于水生成亚硫酸，对气路设备造成腐蚀(这一点在烟气脱硫装置中尤为显著)，同时由于SO_2部分溶于水改变了样气组成，会导致测量结果不准确。垃圾焚烧炉烟气中的HCl、HF极易溶于水，如果采用冷干法，不但造成严重腐蚀，而且会使测量无法进行。

紫外分光光谱仪采用紫外吸收和光纤传输技术。由于水分在紫外波段基本上没有吸收(水分对紫外光的吸收程度仅是SO_2的万分之几)，因而紫外分析仪中，水气成分的干扰可以忽略；由于采用光纤传输技术，测量气室可与光谱仪主机分离，可通入高温含水烟气样品进行测量。这种测量方法通常简称为热湿法，其突出优点如下：

(1)整个测量过程中烟气保持在高温状态，无冷凝水产生，SO_2没有损失，测量准确；

(2)烟气不需要除水，样品处理系统简化，故障率和维护量降低。

采用热湿法测量技术的除了紫外分光光谱仪外，还有傅里叶变换红外光谱仪。

5　半导体激光气体分析仪原理

半导体激光吸收光谱技术(DLAS,diode laser absorption spectroscopy)最早于20世纪70年代提出。随着半导体激光技术在20世纪80年代的迅速发展,DLAS技术开始应用于大气研究、环境监测、医疗诊断和航空航天等领域。20世纪90年代以来,基于DLAS技术的现场在线分析仪器逐渐发展成熟,与非色散红外、电化学、色谱等传统在线分析仪表相比,具有可实现现场原位测量、无需采样和样品处理系统、测量准确、响应迅速、维护量小等显著优势,在工业过程分析和污染源监测领域发挥着越来越重要的作用。

半导体激光气体分析仪的结构简单,如图5.1所示,主要由以下三部分组成:

(1)激光发射模块——半导体激光器;

(2)光电传感模块——光电探测器;

(3)分析控制模块——放大和信号处理电路。

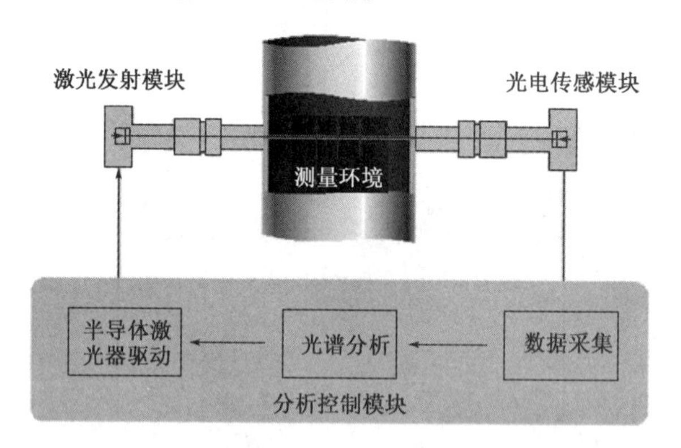

图5.1　半导体激光气体分析仪的结构简图

5.1　半导体激光器和光电探测器

5.1.1　半导体激光器

激光是由激光器产生的,按工作介质的不同又可分为固体激光器、气体激光器、液体激光器和半导体激光器。其中,半导体激光器是以半导体材料为工作介质的激光器,其效率高、体积小、重量轻、使用方便且价格相对较低,广泛应用于光纤通信、光盘、激光打印机、激光扫描器、激光指示器等领域。

“激光”一词的英文LASER是light amplification by stimulated emission of radiation的缩写,意为“受激辐射的光放大”。而受激辐射又与自发辐射、受激吸收有一定关联。

1)自发辐射、受激辐射和受激吸收

按照光辐射和吸收的量子学理论,物质发射光或吸收光的过程都是与构成物质的粒子在其能级之间的跃迁联系在一起的。光与物质的相互作用有三种类型,分别为自发辐射、受激辐射和受激吸收。

为了简化讨论,通常将物质简化为两能级的粒子体系,即仅仅讨论在频率为 ν 的入射光场作用下,原子的两能级 E_2 和 E_1($E_2 > E_1$,且 $h\nu = E_2 - E_1$)之间发生的物理过程。这两个能级满足辐射跃迁的选择定则。

处于高能级 E_2 的原子是不稳定的,即使没有任何外界光场作用,它也有可能自发地跃迁到低能级,并且发射一个频率为 ν、能量为 $h\nu = E_2 - E_1$ 的光子,这种光发射称为自发辐射,见图 5.2。

处于高能级 E_2 的原子,还可能在能量为 $h\nu = E_2 - E_1$ 的外来光子的激励下受激地跃迁到低能级 E_1,并发射与外来激励光子完全相同的光子,这种辐射称为受激辐射,见图 5.3。

受激吸收是受激辐射的反过程。处于低能级 E_1 的原子,在能量为 $h\nu = E_2 - E_1$ 的外来光子激励下,吸收该光子并受激跃迁到高能级 E_2。受激吸收跃迁将入射光场的能量转换为物质原子的内能。入射光场被减弱,光子数减少,见图 5.4。

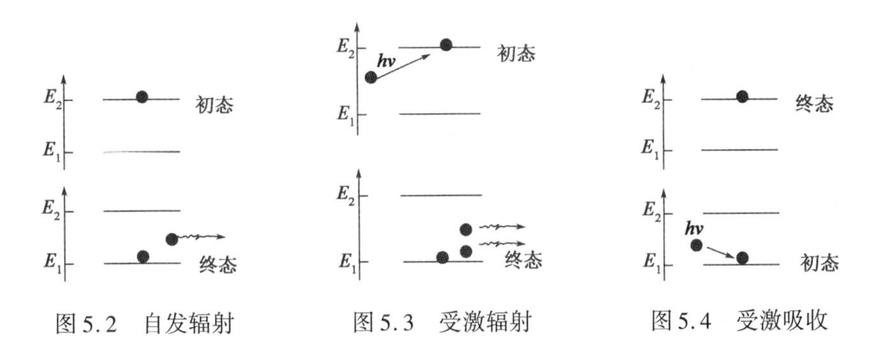

图 5.2　自发辐射　　图 5.3　受激辐射　　图 5.4　受激吸收

受激辐射和受激吸收发生的概率是相同的。自发辐射会产生少量的光子,如果上能级粒子数多于下能级粒子数,则受这些光子激励作用而从上能级跃迁到下能级(即上面说的受激辐射)的粒子数要多于从下能级跃迁到上能级(即上面说的受激吸收)的粒子数。每一个受激辐射的粒子会发射出一个光子,而每一个受激吸收的粒子会吸收一个光子。当受激辐射的粒子数多于受激吸收的粒子数时就表现为光子数的增多,也就是光能量的增强。

给半导体激光器通入一定的工作电流使上能级粒子数多于下能级粒子数,从而使它发射出激光束。如果下能级粒子数多于上能级粒子数则会使光变弱,这就是吸收光谱的原理。

2) 半导体激光发射原理

半导体激光器又称为二极管激光器(diode laser),由 P 型和 N 型半导体材料的二极管P－N结构成,由注入电流激励。也可以说,它是以注射电流泵浦的,由 P－N 结构成能发射激光的半导体器件。

在 P－N 结上施加正向偏压,电子和空穴分别从 N 型区和 P 型区注入二极管结区,在交界处,N 区的电子向 P 区扩散,P 区的空穴向 N 区扩散,结果在交界面两侧就形成呈粒子数反转状态、聚集了大量电子与空穴的空间电荷区,称为自建场。自建场的电场方向自 N 区指向 P 区,即 P 区对 N 区有一负电位,通常称为 P－N 结的势垒高度,见图 5.5。

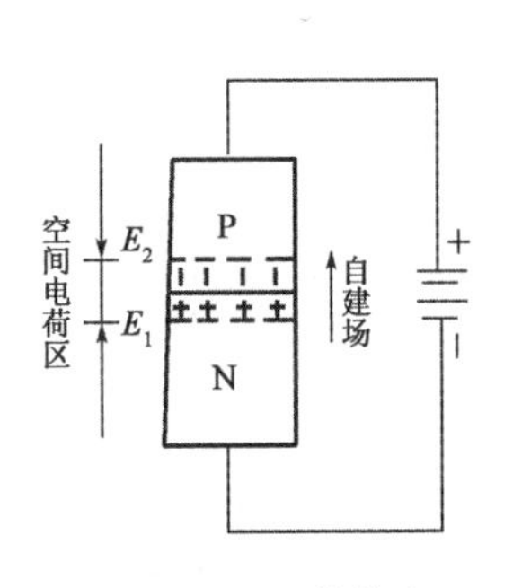

图 5.5　P－N 结势垒及能带结构

空间电荷区的导带主要是电子,价带主要是空穴,这是一个两能级的粒子体系。在注入电流的泵浦作用下,电子和空穴在 P－N 结内的扩散过程中,二者复合产生自发辐射光,这和发光二极管的发光是类似的。

但是,半导体激光器和发光二极管之间存在很大差别,发光二极管是基于注入载流子的自发跃迁辐射而发光的,发射的是非相干光,见图 5.6。而半导体激光器是在载流子自发辐射诱导下的受激跃迁辐射发光,发射的是相干光——激光。

半导体激光器结构见图 5.7。在半导体激光器中,利用半导体晶体的解理面形成两个平行的反射镜面,组成谐振腔,其长度 $L=\lambda/(2n)$(λ 为激光波长,n 为半导体材料的折射率),见图 5.8。

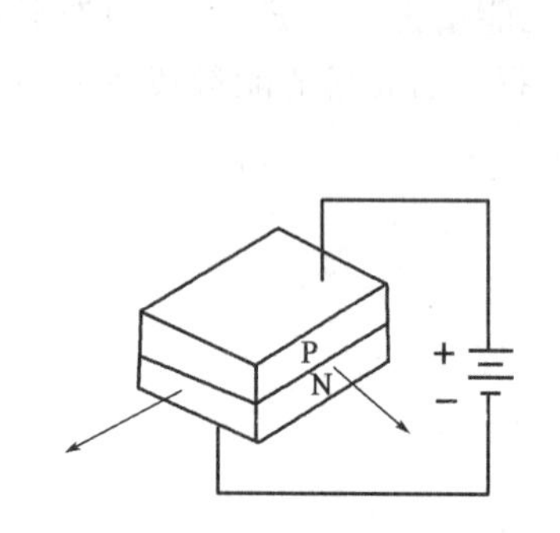

图 5.6　发光二极管结构示意图

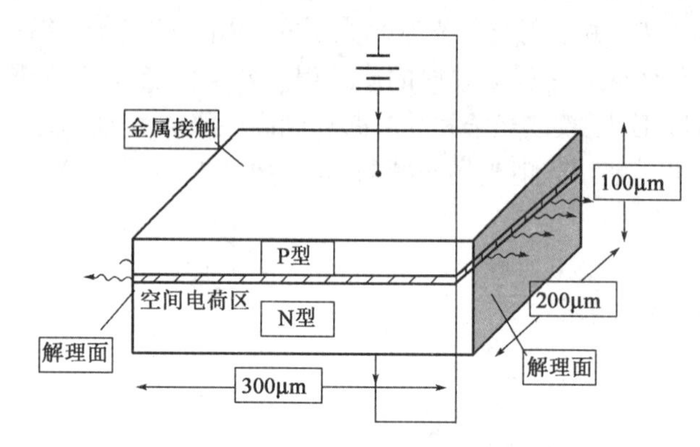

图 5.7　半导体激光器结构示意图

图 5.8 中的谐振腔称为法布里—珀罗型开放式光学谐振腔,其输出端反射镜通常有一定的透射率以便于激光束输出。在谐振腔内,自发辐射光振荡、反馈,产生光的相长干涉和相消干涉,形成单一波长的相干光。这种单一波长的相干光,将进一步引起处于粒子数反转状态的大量电子与空穴复合,形成受激辐射作用,产生同样的相干光。再利用光学谐振腔的正反馈,实现受激辐射光的振荡放大,输出功率倍增方向集中的激光。

由以上分析可见,半导体原子上、下能级间的自发辐射跃迁提供受激辐射所必需的初始激励光子。由于受激辐射光的本质特点、光学谐振腔的正反馈及限膜作用的共同结果,才使激光振荡器输出光束能量在空间上、频率上高度集中的强相干激发光。

激光束的频率 ν 取决于半导体材料导带和价带之间的能级差,即禁带宽度 ΔE。图 5.9 为受激辐射效应及光子频率的决定因素示意图。

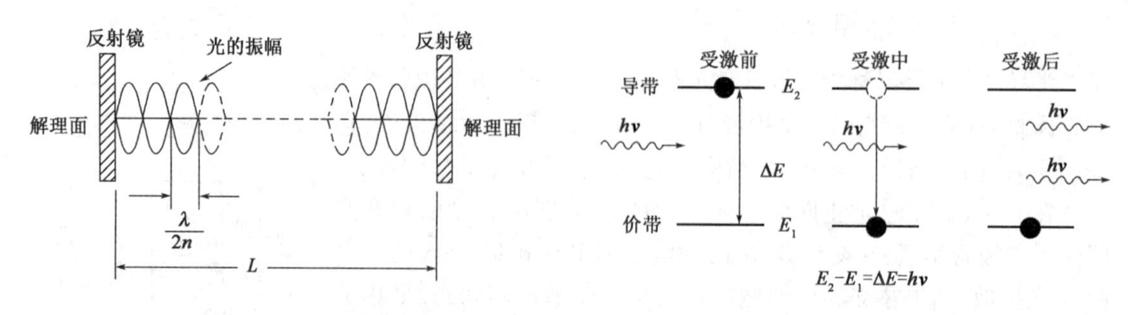

图 5.8　由两个解理面构成的谐振腔

图 5.9　受激辐射效应及光子频率的决定因素示意图

半导体材料的禁带宽度主要取决于不同的半导体结构,但是半导体能带裁剪技术下 P－N 结参数的变化或者半导体材料配比的小幅调整也能改变禁带宽度,所以通过制备不同的半导体材料可以控制所得半导体激光器的发射波长。

3)半导体激光器的类型和结构

为了实现半导体激光吸收光谱(DLAS)的测量,首先要有合适的半导体激光器。绝大多数分子吸收较强的特征主吸收带(基带)落在 3 ~ 25μm 的中红外光谱范围内。很长时间里,铅盐激光器是唯一能在中红外范围工作的半导体激光器。但是,铅盐激光器需要在液氮温度下才能工作,输出功率较低(100μW),并且不是单模工作,这些缺点限制了它的广泛使用。

波长范围 0.76 ~ 1.81μm 的分布反馈式(DFB, Distributed Feedback)激光器得到广泛应用。DFB 激光器具有室温工作、输出功率高、单模工作、光谱线窄、工作寿命长(超过 10 年)和价格较低等突出优点,非常适合应用于 DLAS 技术。但是,这一波长范围处于近红外波段,其吸收谱线强度比中红外基带吸收弱得多,因而其检测灵敏度相对稍低,且能够测量的气体种类有限,仅一二十种。

近年来,基于锑化物的半导体激光器和量子级联半导体激光器(QCL)取得了较大的进展,这些激光器工作于中红外范围,能在室温下单模工作,且工作寿命长。这些器件的商业化将给高灵敏、多组分气体分析扫除器件上的障碍。

图 5.10 是不同材料激光器的发射光谱范围和 Hitran 数据库提供的在 750 ~ 3000nm 之间不同气体组分的吸收谱线图。

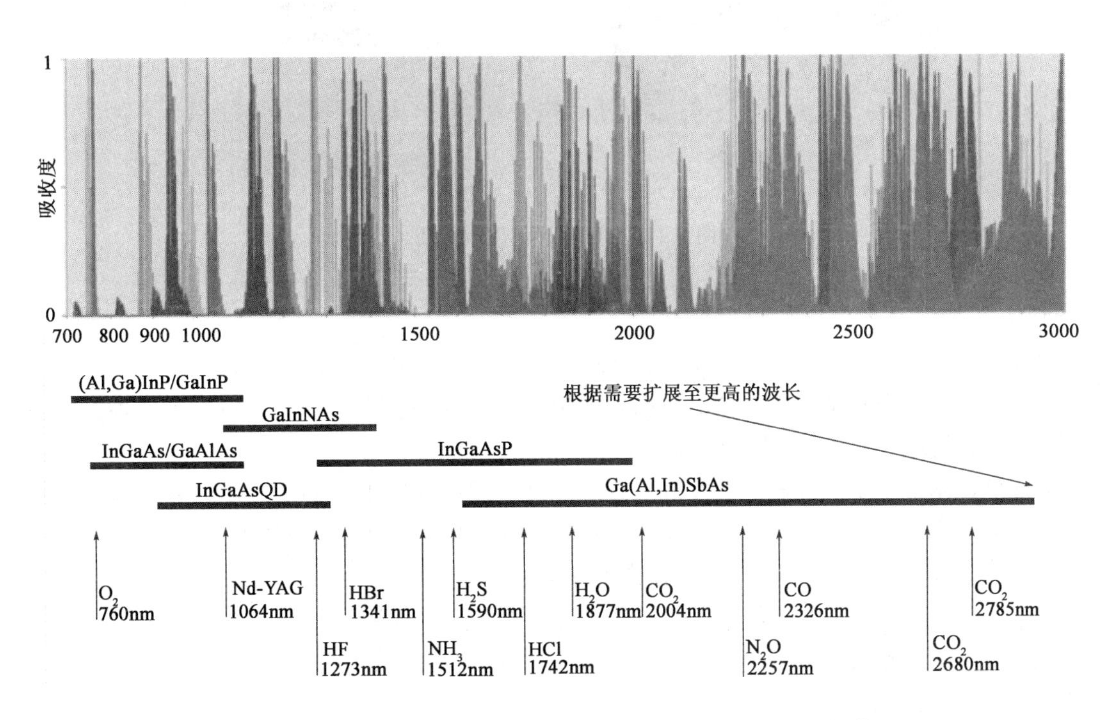

图 5.10　不同材料激光器的发射光谱范围和 Hitran 数据库提供的在 750 ~ 3000nm 之间不同气体组分的吸收谱线图

激光器的各种封装形式中,最简单的就是 TO 封装,图 5.11 为 SONY TO5 封装激光器。

蝶型封装和 DIP(双列直插)封装就是进一步将 LD 芯片与热敏电阻、光敏二极管、TEC 等装在一起并且通常带尾纤输出的一种封装形式,见图 5.12。

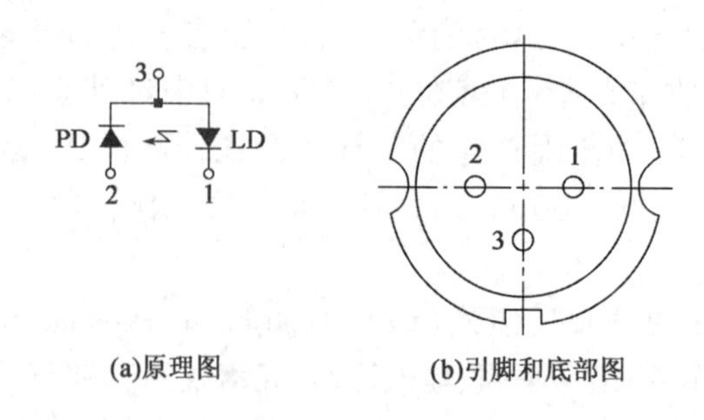

图 5.11　SONY TO5 封装激光器

1—LD 阴极;2—PD 阳极;3—公共脚

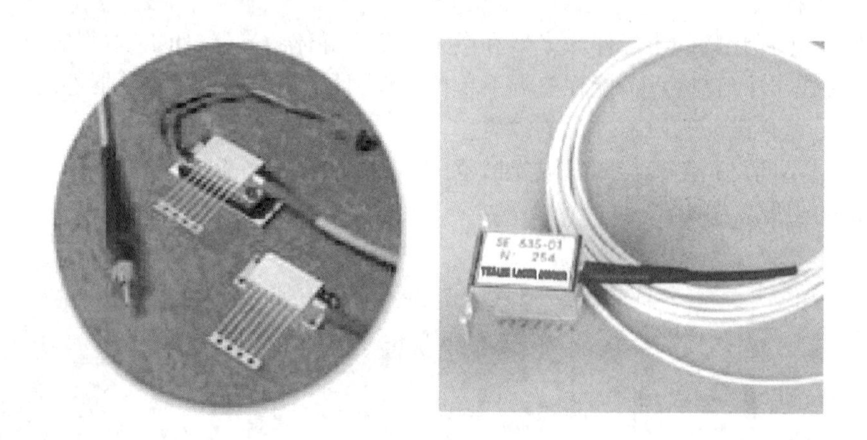

图 5.12　DIP(双列直插)封装

4)半导体激光器的特点

半导体激光器具有许多独特的优点,特别适合作为光源用于光谱测量分析。

(1)半导体激光器是由半导体材料(例如砷化镓 GaAs)制成的光电二极管,是一种直接的电子—光子转换器,因而它的转换效率很高。

(2)半导体激光器所覆盖的波段范围较广。可以通过选用不同的半导体材料体系或改变多元化合物半导体各组元的组分,而得到范围很广的辐射波长以满足不同的需要。

(3)半导体激光器使用寿命长,其工作寿命可达 10 年以上。

(4)具有直接的波长调制能力是半导体激光器有别于其他激光器的一个重要特点。

(5)半导体激光器的体积小、重量轻、价格便宜,这是其他激光器无法比拟的。

5.1.2　光电探测器

光电探测器是根据量子效应,将接收到的光信号转变成电信号的器件,最常用的是以 P－N结为基本结构,基于光生伏特效应的 PIN 型光电二极管。这种器件的响应速度快、体积小、价格低,从而得到广泛应用。

当光照射 P－N 结时,若光子能量大于半导体材料禁带宽度,就会激发出光生电子—空穴对,在 P－N 结耗尽区内建电场作用下,空穴移向 P 区,电子移向 N 区,于是 P 区和 N 区之间产生了电压,即光生电动势。这种因光照而产生电动势的现象称为光生伏特效应。

光电探测器的材料不同,其光谱响应范围也不一样。比如硅光电探测器的频率响应范围在450~1100nm之间,InGaAs光电探测器的频率响应范围为900~1700nm之间。图5.13是典型的InGaAs光电探测器的光谱响应曲线。

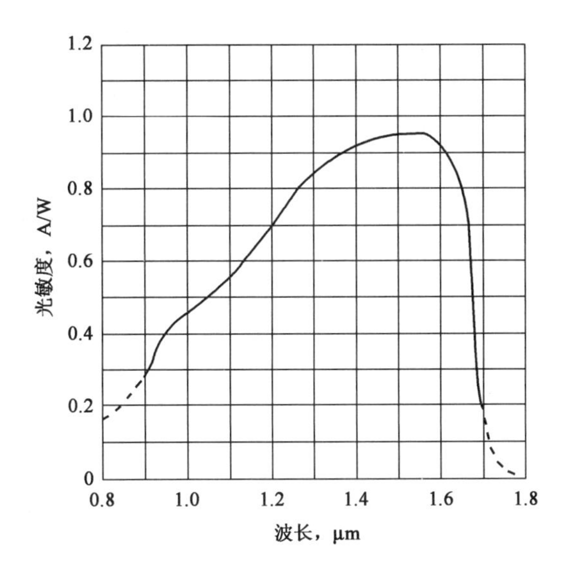

图5.13 InGaAs光电探测器的光谱响应曲线

5.2 半导体激光气体分析仪工作原理

5.2.1 气体吸收光谱原理

1)朗伯—比尔定律

DLAS技术本质上是一种光谱吸收技术,通过分析激光被气体的选择性吸收来获得气体的浓度。它与传统红外光谱吸收技术的不同之处在于,半导体激光光源的光谱宽度远小于气体吸收谱线的展宽。因此,DLAS技术是一种高分辨率的光谱吸收技术,半导体激光穿过被测气体的光强衰减可用朗伯—比尔定律表述:

$$\begin{aligned} I_{\nu} &= I_{\nu,0}T(\nu) \\ &= I_{\nu,0}\exp[-S(T)g(\nu-\nu_0)pXL] \end{aligned} \tag{5.1}$$

当 $-S(T)g(\nu-\nu_0)pXL$ 很小时,则

$$I_{\nu} \approx I_{\nu,0}[1-S(T)g(\nu-\nu_0)pXL] \tag{5.2}$$

式(5.1)中 $I_{\nu,0}$ 和 I_{ν} 分别表示频率为 ν 的激光入射时和经过压力 p、浓度 X 和光程 L 的气体后的光强,$S(T)$ 表示气体吸收谱线的强度,线性函数 $g(\nu-\nu_0)$ 表征该吸收谱线的形状。通常情况下气体的吸收较小时(浓度较低时),可用式(5.2)来近似表达气体的吸收。这些关系式表明气体浓度越高,对光的衰减也越大。因此,可通过测量气体对激光的衰减来测量气体的浓度。

2)光谱线的线强

气体分子的吸收总是和分子内部从低能态到高能态的能级跃迁相联系。线强 $S(T)$ 反映了跃迁过程中受激吸收、受激辐射和自发辐射之间强度的净效果,是吸收光谱谱线最基本的属性,由能级间跃迁概率以及处于上下能级的分子数目决定。分子在不同能级之间的分布受温度的影响,因此光谱线的线强也与温度相关。如果知道参考线强 $S(T_0)$,其他温度下的线强可以由式(5.3)求出:

$$S(T)=S(T_0)\frac{Q(T_0)}{Q(T)}\left(\frac{T_0}{T}\right)\exp\left[-\frac{hcE^n}{k}\left(\frac{1}{T}-\frac{1}{T_0}\right)\right]\times\left[1-\exp\left(\frac{-hc\nu_0}{kT}\right)\right]\left[1-\exp\left(\frac{-hc\nu_0}{kT_0}\right)\right]^{-1} \tag{5.3}$$

式中,$Q(T)$ 为分子的配分函数,h 为普朗克常数,c 为光速,k 为玻耳兹曼常数,E^n 为下能级能量。各种气体吸收谱线的线强 $S(T_0)$ 可以查阅相关的光谱数据库。

5.2.2 调制光谱检测技术

调制光谱检测技术是一种被广泛应用可以获得较高检测灵敏度的 DLAS 技术。它通过快速调制激光频率使其扫过被测气体吸收谱线的一定频率范围,然后采用相敏检测技术测量被气体吸收后透射谱线中的谐波分量来分析气体的吸收情况。简单地说,调制光谱检测技术是一种调制、解调技术,也是一种载波、检波技术。

调制方案一般是通过直接改变半导体激光器的注入工作电流来实现激光频率的调制。由于使用的方便性,这种调制方案得到较为广泛的应用。下面简单描述其测量原理。

在激光频率 $\bar{\nu}$ 扫描过气体吸收谱线的同时,以一较高频率正弦工作电流来调制激光频率,瞬时激光频率 $\nu(t)$ 可以表示为

$$\nu(t)=\bar{\nu}(t)+a\cos(\omega t) \tag{5.4}$$

式中,$\bar{\nu}(t)$ 表示激光频率的低频扫描,a 是正弦调制产生的频率变化幅度,ω 为正弦调制频率。

透射光强可以用下述 Fourier 级数的形式表示:

$$I(\bar{\nu},t)=\sum_{n=0}^{\infty}H_n(\bar{\nu})\cos(n\omega t) \tag{5.5}$$

令 θ 等于 ωt,则可按下式获得 n 阶 Fourier 谐波分量:

$$H_n(\bar{\nu})=\frac{2}{\pi}\int I_0(\bar{\nu}+a\cos\theta)\exp[-S(T)g(\bar{\nu}+a\cos\theta-\nu_0)NL]\cos(n\theta)\mathrm{d}\theta \tag{5.6}$$

谐波分量 $H_n(\bar{\nu})$ 可以使用相敏探测器(PSD)来检测。调制光谱技术通过高频调制来显著降低激光器噪声($1/f$ 噪声)对测量的影响,同时可以通过给 PSD 设置较大的时间常数来获得很窄带宽的带通滤波器,从而有效压缩噪声带宽。因此,调制光谱技术可以获得较好的检测灵敏度。

图 5.14 是高分辨率气体"单线吸收光谱"信号波形示意图($\Delta\nu_c$ 为气体吸收谱线的压力展宽)。

5.2.3 仪器的工作原理

采用频率调制技术的半导体激光气体分析仪的电路框图见图 5.15。其工作过程简述如下。

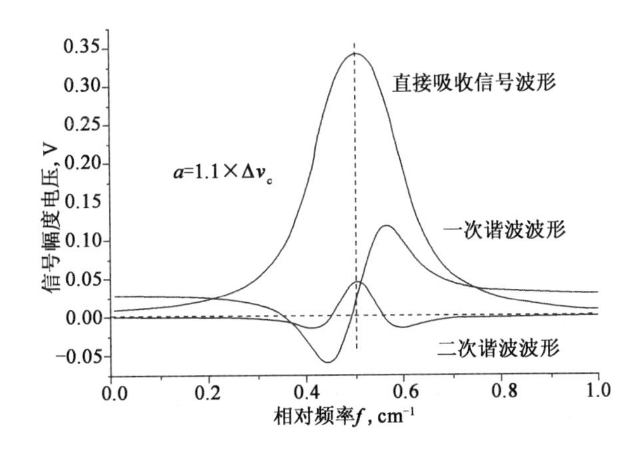

图 5.14　高分辨率气体“单线吸收光谱”信号波形示意图

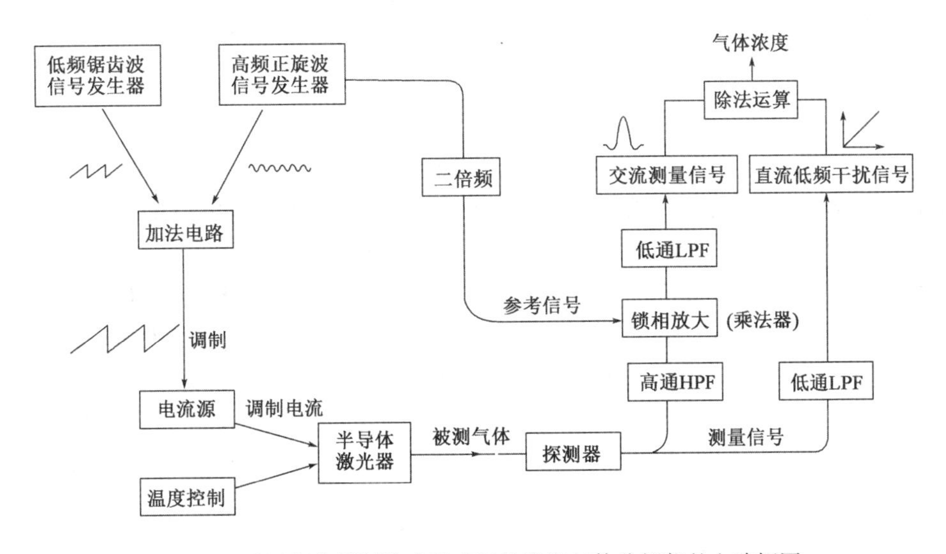

图 5.15　采用频率调制技术的半导体激光气体分析仪的电路框图

(1)图中低频信号发生器发出的锯齿波电流使激光器频率扫描过整条吸收谱线来获得需要的“单线发射光谱”。由于半导体激光器的功率很低，信号弱，很容易淹没在来自电路自身和外部环境的电、光、热噪声中而难以检测，故采用载波技术，将其载带在高频正弦波上来避开这种低频干扰。由高频信号发生器发出的正弦波电流信号和低频锯齿波电流信号在加法器中汇合，产生调制激光器的工作电流 $\nu(t)=\bar{\nu}(t)+a\cos(\omega t)$，使激光器发出特定频率的激光束。

(2)半导体激光器发射的激光频率(波长)受工作电流和工作温度二者的影响，工作电流或工作温度的波动均会使激光的频率发生变化，为此采用了温度控制的措施来稳定激光器的工作温度。

(3)激光器发射的高频激光信号经被测气体吸收后到达检测器，透射光强可以表达为下述 n 阶 Fourier 谐波分量：

$$I(\bar{\nu},t)=A_1\sin(\omega t+\alpha)+A_2\sin(2\omega t+\alpha)+A_3\sin(3\omega t+\alpha)+\cdots \qquad (5.7)$$

(4)透射光强信号分别经过高通 HPF 和低通 LPF 后，将信号的高频部分和低频部分分开分别加以处理。高频谐波信号在锁相放大器中与二倍频正弦参考信号相乘(为了简化表达

式,仅将二倍频信号相乘部分列出):

$$A_2\sin(2\omega t+\alpha)\times B_2\sin(2\omega t+\beta)=\frac{A_2B_2}{2}[\cos(\alpha-\beta)+\cos(4\omega t+\alpha+\beta)] \tag{5.8}$$

再经过低通 LPF 后,仅保留$\frac{A_2B_2}{2}\cos(\alpha-\beta)$部分,得到图示的交流测量信号。

(5)交流测量信号(透射光强的二次谐波)和直流干扰信号经过除法运算得到被测气体的浓度信号。当噪声干扰、粉尘或视窗污染造成光强衰减时,两信号会等比例下降,而比值保持不变,相除之后可消除这些因素对测量结果的干扰和影响。

5.3 半导体激光气体分析仪技术优势与发展方向

5.3.1 技术优势

与传统的红外气体分析仪相比,半导体激光气体分析仪的突出优势主要有以下两点。

1)单线吸收光谱,不易受到背景气体的影响

传统非色散红外光谱吸收技术采用的光源谱带较宽,在近红外波段,其谱宽范围内除了被测气体的吸收谱线外,还有其他背景气体的吸收谱线。因此,光源发出的光除了被待测气体的多条吸收谱线吸收外还被一些背景气体的吸收谱线吸收,从而导致测量误差。

而半导体激光吸收光谱技术中使用的激光谱宽小于 0.0001nm,为红外光源谱宽的 $1/10^5\sim1/10^6$,远小于被测气体一条吸收谱线的谱宽。例如,经计算,在 2000nm 波长处,3MHz 激光线宽相当于 4×10^{-5}nm,而红外分析仪使用的窄带干涉滤光片带宽一般为 10nm,所以激光线宽是红外带宽的 $4/10^6$。DLAS 气体分析仪首先选择被测气体位于特定频率的某一吸收谱线,通过调制激光器的工作电流使激光波长扫描过该吸收谱线,从而获得如图 5.16 所示的“单线吸收光谱”。

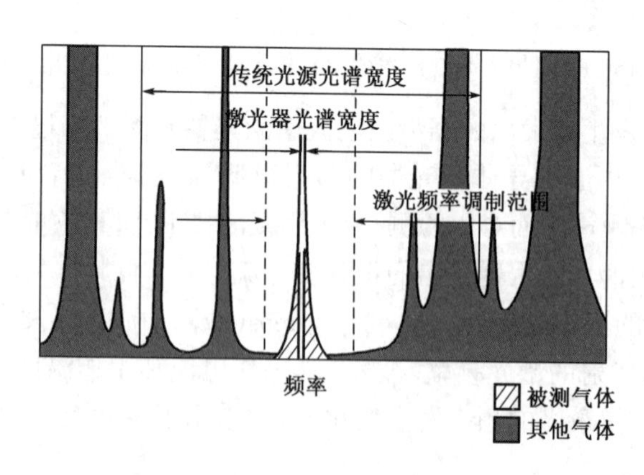

图 5.16　单线吸收光谱测量技术示意图

需要说明的是,激光光谱的这一优势,主要表现在 780～2526nm 的近红外波段。近红外波段是中红外基频吸收的倍频和合频吸收区,是各种化合物吸收的“指纹区”,吸收谱带密集,交叉和重叠严重,红外分析仪的光源谱带较宽,即使采用窄带干涉滤光片,仍难避开各种干扰,而单线吸收的激光光谱便表现出明显的优势。

在选择激光吸收谱线时,应保证在所选吸收谱线频率附近约10倍谱线宽度范围内无测量环境中背景气体组分的吸收谱线,从而避免这些背景气体组分对被测气体的交叉吸收干扰,保证测量的准确性。

2)粉尘与视窗污染对测量的影响很小

如上所述,当激光传输光路中的粉尘或视窗污染造成光强衰减时,透射光强的二次谐波信号与直流信号会等比例下降,二者相除之后得到的气体浓度信号,可以克服粉尘和视窗污染对测量结果造成的低频干扰影响。实验结果表明粉尘和视窗污染导致光透过率下降到3%以下时,仪器的噪声才会显著增大,示值误差随之增大。激光气体分析仪广泛用于烟道气的原位分析而无须进行样品除尘、除湿处理正是基于这一优势。

5.3.2 发展方向

为了达到更高的测量精度、更低的探测下限,DLAS技术在持续地发展。为了抑制噪声、提高信噪比,从直接吸收光谱技术发展到调制光谱技术;为了增加光束穿过被测气体的有效光程,降低探测下限,从单倍光程的测量方式发展到利用Herriott腔、White腔等实现多次回返光程吸收光谱;为了在光谱吸收较强的基带频率进行测量,拓宽测量,波长在中红外和远红外波段的量子级联半导体激光器开始应用于各种DLAS技术;此外也出现了与光声检测技术结合的激光光声光谱技术。

(1)目前的激光气体分析仪仅能测量低压气体,而无法适应中高压气体的原位测量。例如,大多数激光氧分析器仅能用于被测气体压力小于0.3MPa的场合。

原位测量而无需取样和样品处理系统是激光分析仪的优势,在冶金、电力、环保行业的烟道气在线分析中替代了许多红外分析仪和磁氧分析仪,但在石油化工等行业中高压气体原位分析方面激光分析仪却无能为力(如果对这种中高压气体采样分析,则激光分析仪不具有优势)。

激光分析方法依赖于吸收谱线的形状,当吸收谱线增宽时可能出现问题。压力和温度会影响谱线的形状,分子之间的碰撞也会使谱线增宽,压力和温度的升高会使分子的碰撞加剧。虽然激光的谱线宽度很窄,对应于特定的吸收波长,可以避免光谱线之间的干扰,但温度压力变化导致的谱线增宽会引入某种类型的干扰。采用先进的信号处理技术和补偿方法可使这种谱线增宽效应最小化。

国内有的公司正在开发耐压1.0MPa以上的激光气体分析仪。开发耐压1.0MPa左右的激光气体分析仪,就可满足大多数石油化工工艺原位分析的需求。

(2)商用半导体激光器的可获取性也是一个问题,它依赖于激光器的类型和发射波长范围。波长范围760nm~3.0μm的分布反馈式(DFB, distributed feedback)激光器和垂直空腔谐振式表面发射激光器(VCSEL, vertical cavity surface emitting lasers)得到广泛应用,但其仅可检测HF、NH_3、HCl、O_2、CO、CO_2、H_2S和NO等十几种组分。目前个别公司已开发出采用量子级联激光器(QCL, quantum cascaded laser)的激光分析仪,测量范围开始扩展到中红外波段,测量气体的种类也会不断扩大,但QCL激光器尚未大量进入实用阶段。

(3)绝大多数激光分析仪仅能测量一种气体组分,虽然出现了CO、CO_2双组分激光分析仪,但仅限于这两种吸收谱线极为靠近的特殊情况,目前的激光频率调制技术仅能单次扫描被测气体吸收谱线的一段狭窄范围。即使实现了“跳扫”,即扫描两段或更多互不相邻的频率范围,也较难实现测量多种组分的目的,这是由于无论是电流调制还是温度调制,可调激光频率的范围都是十分有限的。

5.3.3 有关问题

1)关于频率(波长)的漂移问题

半导体激光器的发射频率(波长)发生漂移(偏移),是激光气体分析仪运行中经常出现的一个问题,占故障次数的一半以上。半导体激光器的发射频率受电流和温度二者的影响。锯齿波电流由稳压电源提供,且扫描过一段吸收波带,对频率漂移的影响不大;温度恒定靠温控电路维持,频率漂移往往通过改变温控电压调整。激光器的温度控制成了防止吸收峰漂移的关键环节。影响温控系统精度和稳定性的因素包括测温热敏电阻、TEC 热电器件、温控电路、温控算法和纠偏软件等。

此外,工作场所环境温度过高也是造成激光器频率漂移的重要原因,应保持其工作环境温度不得超过设计指标(55℃或 60℃)。注意在烈日暴晒下,虽然环境温度尚未达到 40℃,但电子器件的温度恐怕早已突破 60℃了。

在测量微量组分时,频率漂移造成的影响尤为显著,这是由于被测气体的吸收十分微弱,探测器往往难以分辨而迷失探测目标,激光频率的调制无法纠偏,由此造成频率(波长)的偏移。

2)被测气体温度波动的影响

被测气体的温度波动不但会改变其密度,而且会影响其吸收系数,改变吸收曲线的形状。

对于原位安装式激光分析仪,可用热电阻测温进行补偿,测温元件应安装在测量气室中对样气温度变化敏感的灵敏位置上。这种办法只能用于对测量精度要求不高的一般常量分析中,不能用于微量分析和重要测量场合。因为这种温补措施补偿精度有限,补偿范围也比较窄。

对于采样测量式激光分析仪,可采取以下措施:

(1)将测量气室置于恒温控制的加热箱体中,这是最为有效的办法。

(2)当进行微量分析时,由于测量气室较长,难以实现温度的均衡、稳定控制。可行的办法是采用多次反射技术,缩短测量气室长度。这样不但易于进行恒温控制,也可降低测量滞后。

(3)有的公司在测量气室外部缠绕电伴热带保温,这种措施仅对抵抗环境温度变化、防止样气冷凝有效,对于气样的恒温控制并无多大效果,因为这种措施本质上是一种伴热保温措施,并非恒温控制措施。

3)被测气体压力波动的影响

被测气体的压力稳定也至关重要,气体样品的压力波动不但会改变其密度,而且会影响其吸收系数,改变吸收曲线的形状。

对于原位测量,可用压力变送器测压进行补偿。

对于采样测量,当分析后气样排火炬放空、返工艺回收时,排放管线中的压力波动会影响

测量气室中气样的压力,造成附加误差。此时可采取以下措施:

(1)将气样引至容积较大的集气管或储气罐缓冲,以稳定排放压力;

(2)外排管线设置止逆阀(单向阀),阻止火炬系统或气样回收装置压力波动对测量气室的影响;

(3)最好是在气样排放口设置背压调节阀(阀前压力调节阀),稳定测量气室压力;

(4)对一些微量分析或测量精确度要求较高的仪器,可增设大气压力补偿装置,压力补偿技术可将压力变化的影响误差降低一个数量级。

5.4 典型应用介绍

FCC(fluid catalytic cracking,流化催化裂化)已成为炼油厂核心加工工艺,催化剂再生是流化催化裂化工艺的关键技术之一,其基本原理是将催化裂化反应过程中结焦失活的催化剂与空气进行燃烧反应,实现催化剂的再生。为了对催化剂再生反应效率进行实时控制,优化再生工艺,需要对催化裂化再生烟气中的 O_2、CO 和 CO_2 含量进行在线分析。

FCC 再生烟气的温度高达 650℃以上,压力为 0.2~0.4MPa,烟气中还有许多催化剂颗粒和腐蚀性物质。传统的 FCC 再生烟气测量方法大多采用取样方式,将烟气样品从工艺管道中取出来,经过复杂的样品处理系统,再对 CO、CO_2 和 O_2 进行分析。由于再生烟气中混合有水蒸气、催化剂颗粒和腐蚀性成分,容易产生堵塞和腐蚀,系统维护量大、可靠性差。同时,采样处理过程造成的响应滞后也影响了再生工艺的控制效果。

基于半导体激光光谱吸收技术的再生烟气分析系统(图 5.17、图 5.18),由于无需采样预处理环节,直接安装在再生烟气管道进行原位分析,具有测量准确、响应速度快、可靠性高、无尾气排放等显著优势,为再生烟气分析提供了最佳解决方案。

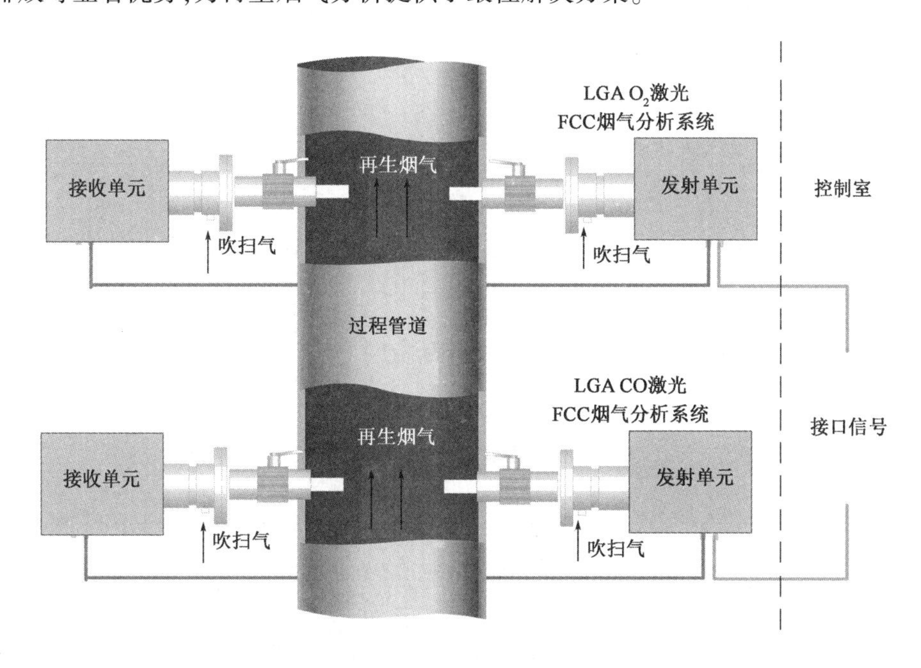

图 5.17　基于 LGA 的再生烟气分析系统

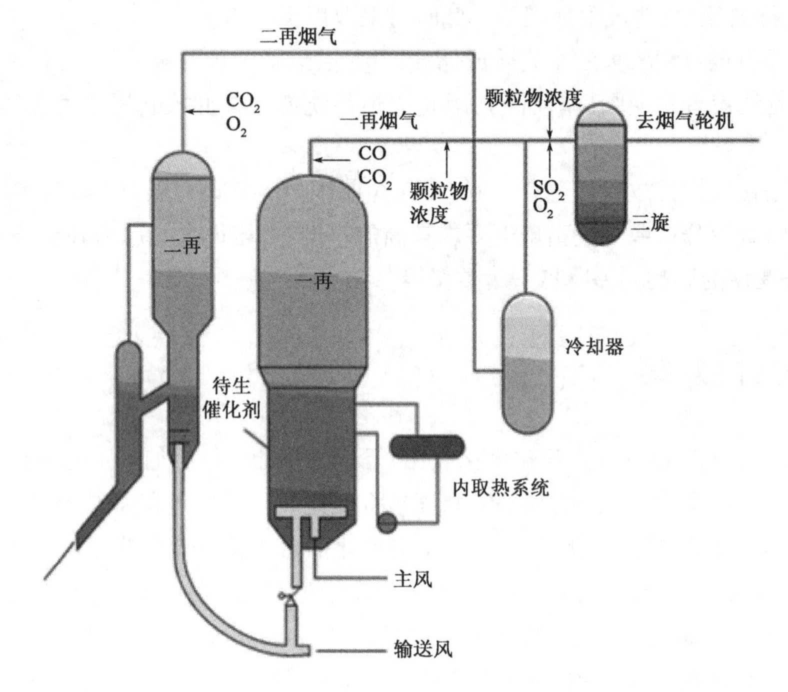

图 5.18　一再、二再烟气取样点位置和监测组分

为了适应再生烟气高温、多催化剂颗粒的测量环境，半导体激光再生气体分析系统需要配套相应的吹扫单元对测量装置的光学视窗进行连续吹扫，防止光学视窗的污染，确保系统能够长期、可靠地连续运行。

6　顺磁式氧分析器原理

顺磁式氧分析器也称为磁效应式氧分析器、磁式氧分析器和磁氧分析器，是根据氧气的体积磁化率比一般气体高得多，在磁场中具有极高顺磁特性的原理制成的一类测量气体中氧含量的仪器。目前有三种类型的顺磁式氧分析器，即热磁对流式、磁力机械式和磁压力式氧分析器。

上述三类顺磁式氧分析器的名称是我国的习惯称谓，IEC 标准（IEC 61207－3－2019）中的名称对应如下：热磁对流式——热磁式或磁风式；磁力机械式——自动零平衡式；磁压力式——磁压差式。

6.1　气体的体积磁化率与温度、压力的关系

6.1.1　物质的磁特性和气体的体积磁化率

任何物质，在外界磁场的作用下，都会被磁化，呈现出一定的磁特性。研究表明，物质在外磁场中被磁化，其本身会产生一个附加磁场，附加磁场与外磁场方向相同时，该物质被外磁场吸引；方向相反时，则被外磁场排斥。为此，把会被外磁场吸引的物质称为顺磁性物质，或者说该物质具有顺磁性；而把会被外磁场排斥的物质称为逆磁性物质，或者说该物质具有逆磁性。

气体介质处于磁场中也会被磁化，根据气体的不同分别表现出顺磁性或逆磁性。如 O_2、NO、NO_2等是顺磁性气体，H_2、N_2、CO_2、CH_4等是逆磁性气体。

不同物质受磁化的程度不同，可以用磁化强度 M 来表示：

$$M = kH \tag{6.1}$$

式中　M——磁化强度；

H——外磁场强度；

k——物质的体积磁化率。

k 的物理意义是指在单位磁场强度作用下，单位体积物质的磁化强度。磁化率为正（$k>0$）称为顺磁性物质，它们在外磁场中被吸引；$k<0$，则称为逆磁性物质，它们在外磁场中被排斥；k 值越大，则受吸引和排斥的力越大。

常见气体的体积磁化率见表 6.1。从表中可见，氧气是顺磁性物质，其体积磁化率要比其他气体的体积磁化率大得多。

表 6.1　常见气体的体积磁化率（0℃）

气体名称	化学符号	$k\times10^{-6}$（CGS）	气体名称	化学符号	$k\times10^{-6}$（CGS）
氧	O_2	+146	氦	He	−0.083
一氧化氮	NO	+53	氢	H_2	−0.164
空气	—	+30.8	氖	Ne	−0.32

续表

气体名称	化学符号	$k\times10^{-6}$ (CGS)	气体名称	化学符号	$k\times10^{-6}$ (CGS)
二氧化氮	NO_2	+9	氮	N_2	-0.58
氧化亚氮	N_2O	+3	水蒸气	H_2O	-0.58
乙烯	C_2H_4	+3	氯	Cl_2	-0.6
乙炔	C_2H_2	+1	二氧化碳	CO_2	-0.84
甲烷	CH_4	-1	氨	NH_3	-0.84

某种气体磁化率和氧气磁化率的比值,称为相对磁化率(也称比磁化率),常见气体的相对磁化率见表6.2,其中氧气的相对磁化率为100。

表6.2 常见气体的相对磁化率(0℃)

气体名称	相对磁化率	气体名称	相对磁化率	气体名称	相对磁化率
氧	+100	氢	-0.11	二氧化碳	-0.57
一氧化氮	+36.3	氖	-0.22	氨	-0.57
空气	+21.1	氮	-0.40	氩	-0.59
二氧化氮	+6.16	水蒸气	-0.40	甲烷	-0.68
氦	-0.06	氯	-0.41		

需要说明的是,由于采用的参比条件不同(如温度、压力),目前各种书籍和手册中给出的磁化率数据不完全相同,请读者查阅时注意。

6.1.2 混合气体的体积磁化率

对于多组分混合气体来说,它的体积磁化率 k 可以粗略地看成是各组分体积磁化率的算术平均值,即

$$k = \sum_{i=1}^{n} k_i c_i \tag{6.2}$$

式中 k_i——混合气体中第 i 组分的体积磁化率;

c_i——混合气体中第 i 组分的体积分数。

因为在含氧的混合气体中(含有大量NO和NO_2等氮氧化物的特殊情况除外),除氧以外其余各组分的体积磁化率都很小,数值上彼此相差不大,且顺磁性气体和逆磁性气体的体积磁化率有互相抵消趋势,这样式(6.2)可以写成

$$k = k_1 c_1 + \sum_{i=2}^{n} k_i c_i \tag{6.3}$$

$$k \approx k_1 c_1 \tag{6.4}$$

式中 k——混合气体的体积磁化率;

k_1——氧的体积磁化率;

c_1——混合气体中氧气的体积分数;

$k_2, k_3, \cdots, k_i$——混合气体中除氧以外的其余气体的体积磁化率;

$c_2, c_3, \cdots, c_i$——混合气体中除氧以外的其余气体的体积分数。

式(6.3)、式(6.4)说明,混合气体的体积磁化率基本上取决于氧的体积磁化率及其体积分数。氧的体积磁化率在一定温度下是已知的固定值,所以只要能测得混合气体的体积磁化率,就可得出混合气体中氧的体积分数了。

6.1.3 气体的体积磁化率与温度、压力之间的关系

由居里定律可知,顺磁性气体的体积磁化率 k 与温度之间的关系为

$$k = C\frac{\rho}{T} \tag{6.5}$$

式中 k——气体的体积磁化率;

ρ——气体的密度;

T——气体的热力学温度;

C——居里常数。

根据理想气体状态方程,有

$$pV = nRT \tag{6.6}$$

而气体的密度:

$$\rho = \frac{nM}{V} \tag{6.7}$$

将式(6.5)代入式(6.6),得

$$\rho = \frac{pM}{RT} \tag{6.8}$$

将式(6.7)代入式(6.4),得

$$k = \frac{CpM}{RT^2} \tag{6.9}$$

式中 p——气体的压力;

V——气体的体积;

n——气体的物质的量;

M——气体的摩尔质量;

R——气体常数。

式(6.8)中,C、M、R 均为常数,于是可以得出以下结论,顺磁性气体的体积磁化率与压力成正比,而与热力学温度的平方成反比。在气体压力增高时,其体积磁化率成正比相应增大;而气体温度升高时,其体积磁化率急剧下降。

6.2 热磁对流式氧分析器

6.2.1 结构类型

在热磁对流式氧分析器中,检测器内热磁对流的形式有内对流式和外对流式两种,检测器的结构也各不相同,为了便于区分,分别称为内、外对流式热磁氧分析器。它们的工作原理均基于热磁对流产生的热效应,其区别主要在于以下两点。

1)热磁对流发生的位置不同

内对流式检测器,热磁对流在热敏元件(中间通道管)内部进行;而外对流式检测器,热磁对流在热敏元件外部进行。

2)热敏元件与被测气体之间的热交换形式不同

内对流式检测器的热敏元件与被测气体之间是隔绝的,通过薄壁石英玻璃管进行热交换;而外对流式检测器的热敏元件与被测气体之间是直接接触换热的。

内对流式检测器结构简单,便于制造和调整。其热敏元件不与样气直接接触,因此不会与样气发生任何化学反应,也不会受到样气的玷污和侵蚀,但热量传递受到一定影响,增加了测量滞后时间,灵敏度也相对较低。

外对流式检测器则与此相反,由于被测气体与热敏元件直接接触换热,所以测量滞后小、灵敏度高、输出线性好。另外,由于采用双桥结构,能有效地补偿环境温度、电源电压、样气压力、检测器倾斜等因素给测量带来的影响,但其结构比较复杂,不便于制造和调整。

6.2.2 内对流式热磁氧分析器

1)热磁对流

如图6.1(a)所示,一个T型薄壁石英管,在其水平方向(X方向)的管道外壁均匀地绕以加热丝;在水平通道的左端拐角处放置一对小磁极,以形成一恒定的外磁场。在这种设置下,磁场强度曲线和温度场曲线如图6.1(b)所示。

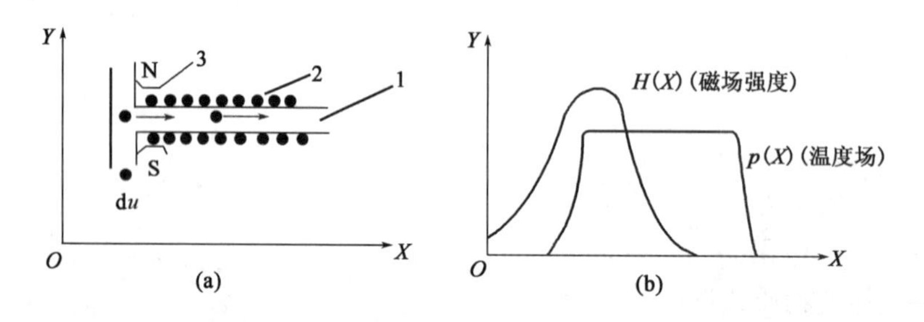

图6.1 热磁对流示意图

1—T型薄壁石英管;2—加热丝;3—磁极

可以看到,磁场强度沿X方向按一定的磁场强度梯度衰减,$H(X)$是变化的。对于水平通道而言,处于一个不均匀磁场之中,通道左端磁场强度最强,越往右磁场强度越弱,而温度场基本上是均匀的。它们之间的相对位置关系应该是:在磁场强度最大值区域开始建立均匀的温度场,这一点正如图6.1(b)所示。

当有顺磁性气体在垂直管道内沿Y方向自下而上运动到水平管道入口时,由于受到磁场的吸引力而进入水平管道。在其处于磁场强度最大区域的同时,也就置身于加热丝的加热区,在加热区,顺磁性气体与加热丝进行热交换而使自身温度升高,其体积磁化率随之急剧下降,受磁场的吸引力也就随之减弱。其后处于冷态的顺磁性气体,在磁场的作用下被吸引到水平通道磁场强度最大区域,就会对先前已经受热的顺磁性气体产生向右方向的推力,使其向右运动而脱离磁场强度最大区域。后进入磁场的顺磁性气体同样被热丝加热,体积磁化率下降,又被后面冷态的顺磁性气体向右推出磁场。如此过程连续不断地进行下去,在水平管道就会有气体自左而右地流动,这种气体的流动就称为热磁对流,或称为磁风。

2)工作原理

内对流式热磁氧分析器的工作原理如图 6.2 所示。其检测器(也称为发送器)是一个中间有通道的环形气室,外面均匀地绕有电阻丝。电阻丝通过电流后,既起到加热作用,同时又起到测量温度变化的感温作用。电阻丝从中间一分为二,作为两个相邻的桥臂电阻 r_1、r_2 与固定电阻 R_1、R_2 组成测量电桥。在中间通道的左端设置一对小磁极,以形成恒定的不均匀磁场。

待测气体从底部入口进入环形气室后,沿两侧流向上端出口。如果被测混合气体中没有顺磁性气体存在,这时中间通道内没有气体流过,电阻丝 r_1、r_2 没有热量损失,电阻丝由于流过恒定电流而保持一定的阻值。当被测气体中含有氧气时,左侧支流中的氧受到磁场吸引而进入中间通道,从而形成热磁对流,然后由通道右侧排出,随右侧支流流向上端出口。环形气室右侧支流中的氧因远离磁场强度最大区域,受不到磁场的吸引,加之磁风的方向是自左向右的,所以不可能由右端口进入中间通道。

由于热磁对流的结果,左半边电阻丝 r_1 的热量有一部分被气流带走而产生热量损失。流经右半边电阻丝 r_2 的气体已经是受热气体,所以 r_2 没有或略有热量损失。这样就造成电阻丝 r_1 和 r_2 因温度不同而阻值产生差异,从而导致测量电桥失去平衡,有输出信号产生。被测气体中氧含量越高,磁风的流速就越大,r_1 和 r_2 的阻值相差就越大,测量电桥的输出信号就越大。由此可以看出,测量电桥输出信号的大小就反映了被测气体中氧含量的多少。

3)环形垂直通道检测器

图 6.3 是一种环形垂直通道检测器,它在结构上与图 6.2 所示的环形水平通道检测器完全一样,区别只在于中间通道的空间角度为 90°,也就是把环室依顺时针方向旋转 90°。这样做的目的是提高仪表的测量上限。中间通道成为垂直状态后,在通道中除有自上而下的热磁对流作用力 F_M 外,还有热气体上升而产生的由下而上的自然对流作用力 F_r,两个作用力的方向刚好相反。

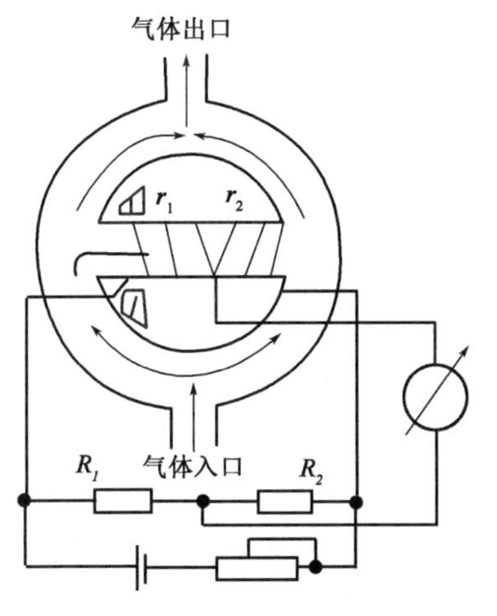

图 6.2　内对流式热磁氧分析器的工作原理

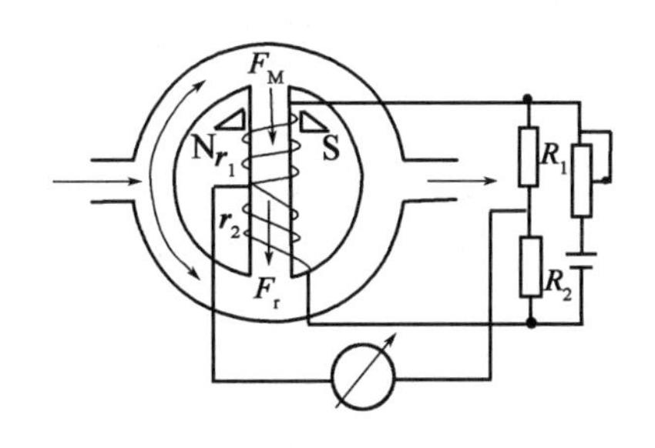

图 6.3　环形垂直通道检测器

在被测气体中没有氧气存在时,也不存在热磁对流,通道中只有自下而上的自然对流,此上升气流先流经桥臂电阻和 r_2,使 r_2 产生热量损失,而 r_1 没有热量损失。为了使仪表刻度始点为零,此时应将电桥调到平衡,测量电桥输出信号为零。随着被测气体中氧含量的增加,中间通道有自上而下的热磁对流产生,此热磁对流会削弱自然对流。随着热磁对流的逐渐加强,自然对流的作用会越来越小,电阻丝 r_2 的热量损失也越来越小,其阻值逐渐加大,测量电桥失去平衡而有信号输出。氧含量越高,输出信号越大,当氧含量达到某一值时,$F_M = F_r$,热磁对流完全抵消自然对流,此时,中间通道内没有气体流动,检测器的输出特性曲线出现拐点,曲线斜率最大,检测器的灵敏度达到最大值。当氧含量继续增加,$F_M > F_r$,热磁对流大于自然对流,这时,中间通道内的气流方向改为由上而下,之后的情况与水平通道相似。

由此可见,在环形垂直通道检测器的中间通道中,由于自然对流的存在,削弱了热磁对流,以至在氧含量很高的情况下,中间通道内的磁风流速依然不是很大,从而扩展了仪表测量上限值。实验证实,这种环形垂直通道检测器,当氧含量达到 100% 时,仍能保持较高的灵敏度。

环行水平通道和垂直通道检测器在测量范围上的区别如下:

(1)对于环行水平通道检测器而言,其测量上限不能超过 40% 。这是因为,当氧含量增大时磁风增大,水平通道中的气体流速增大,气体来不及与 r_1 进行充分的热交换就已到达 r_2,造成 r_2 的热量损失,随着氧含量的增加,r_1、r_2 的热量损失逐渐接近,两者间电阻的差值越来越小,当氧含量达到 50% 时,发生器的灵敏度已接近零。

(2)对于环行垂直通道发生器来说,其测量上限可达到 100% 。但是在对低氧含量的测量时,其测量灵敏度很低,甚至不能测量。

4)安装注意事项

内对流式热磁氧分析器安装时,必须保证检测器处于水平位置,否则会引起较大的测量误差。其原因是,工作室稍有倾斜后,改变了分析室中热磁对流和自然对流的相互关系,热磁对流矢量和热自然对流矢量形成的夹角不同,检测器将有不同的输出特性。

安装后应检查检测器的水平度:一般热磁式氧分析器的检测器都装有水准仪,检查水准仪的气泡是否处在标记的中间,如有偏移,则调节水平螺丝,使水准仪的气泡正好处在标记中间。

6.2.3 外对流式热磁氧分析器

1)工作原理

图 6.4 是一种外对流式检测器的工作原理示意图。检测器由测量气室和参比气室两部分组成,两个气室在结构上完全一样。其中,测量气室的底部装有一对磁极,以形成非均匀磁场,在参比气室中不设置磁场。两个气室的下部都装有既用来加热又用来测量的热敏元件,两热敏元件的结构参数完全相同。

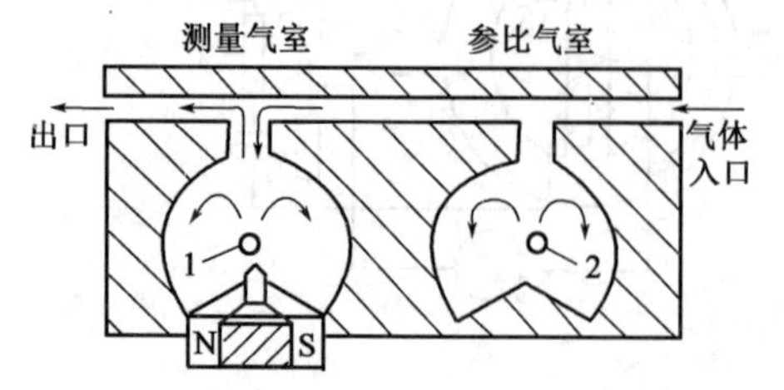

图 6.4 外对流式检测器工作原理示意图
1—工作热敏元件;2—参比热敏元件

被测气体由入口进入主气道,依靠分子扩散作用进入两个气室。如果被测气体没有氧的存在,那么两个气室的状况是相同的,扩散进来的气体与热敏元件直接接触进行热交换,气体温度得以升高,温度升高导致气体相对密度下降而向上运动,主气道中较冷的气体向下运动进入气室填充,冷气体在热敏元件上获得能量,温度升高,又向上运动回到主气道,如此循环不断,形成自然对流。由于两个气室的结构参数完全相同,两气室中形成的自然对流的强度也相同,两个热敏元件单位时间的热量损失也相同,其阻值也就相等。

当被测气体有氧存在时,主气道中氧分子在流经测量气室上端时,受到磁场吸引进入测量气室并向磁极方向运动。在磁极上方安装有加热元件(热敏元件),因此,在氧分子向磁极靠近的同时,必然要吸收加热元件的热量而使温度升高,导致其体积磁化率下降,受磁场的吸引力减弱,较冷的氧分子不断地被磁场吸引进测量气室,在向磁极方向运动的同时,把先前温度已升高的氧分子挤出测量气室。于是,在测量气室中形成热磁对流。这样,在测量气室中便存在有自然对流和热磁对流两种对流形式,测量气室中热敏元件的热量损失,是由这两种形式对流共同造成的。而参比气室由于不存在磁场,所以只有自然对流,其热敏元件的热量损失,也只是由自然对流造成的,与被测气体的氧含量无关。显然,由于测量气室和参比气室中的热敏元件散热状况的不同,两个热敏元件的温度出现差别,其阻值也就不再相等,两者阻值相差多少取决于被测气体中氧含量的多少。

若把两个热敏元件置于测量电桥中作为相邻的两个桥臂,如图 6.5 所示,那么,桥路的输出信号就代表了被测气体中氧含量。

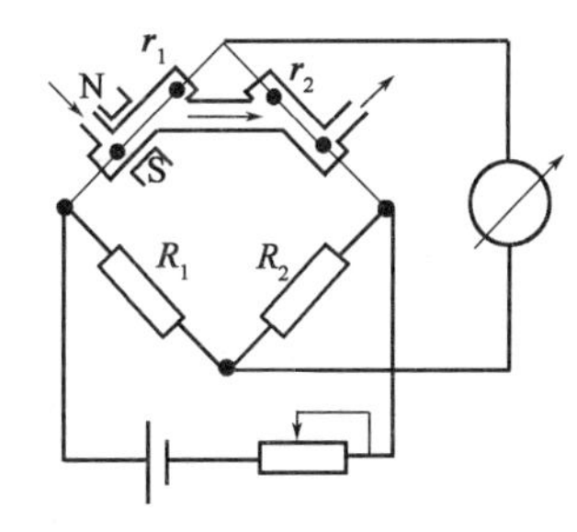

图 6.5　双臂单电桥测量原理

2) 测量电路

为了更好地补偿由于环境温度变化、电源电压波动、检测器倾斜等因素给测量带来的影响,外对流式检测器一般都采用双电桥结构,其气路连接如图 6.6 所示。图中四个气室分为两组,分别置于两个电桥中,每组两个气室中各有一个气室底部装有磁极,气室中的热敏元件作为线路中测量电桥和参比电桥的桥臂。测量气室通过被测气体,而参比气室则通过氧含量为定值的参比气,如空气。

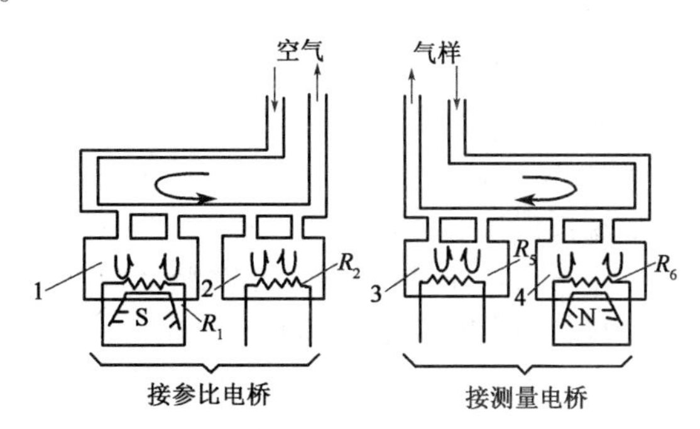

图 6.6　外对流式检测器气路连接图

1、2—参比电桥分析室;3、4—测量电桥分析室

6.2.4　主要特点

(1) 测量精度较低,一般为 ±1.5% ~ ±2% FS。其原因是测量结果不仅仅与样气的体积磁化率有关,而且易受背景气组分热导率、密度的影响(O_2 的测量结果不能产生严格的线性输出)。

(2) 价格较低,适用于测量精度要求不高的一般场合。

(3)如果样气中 H_2(热导率高,传热快)、CO_2(密度大,吸热量大)含量较高且波动较大,则不宜选用。

(4)一般应选用双电桥外对流式,如果样气中含有腐蚀性组分,则选用内对流式。

(5)测量高浓度 O_2时,外对流式采用高浓度氧参比气,内对流式选垂直通道检测器。

6.3 磁力机械式氧分析器

图6.7是磁力机械式氧分析器检测部件结构图。在一个密闭的气室中,装有两对不均匀磁场的磁极,它们的磁场强度梯度正好相反。两个空心球体4(内充纯净的氮气或氩气)置于两对磁极的间隙中,空心球之间通过连杆连接在一起,形状类似哑铃。连杆用弹性金属带固定在气室壳体上,这样,哑铃只能以金属带为轴转动而不能上下移动。在连杆与金属带交点处装一平面反射镜。

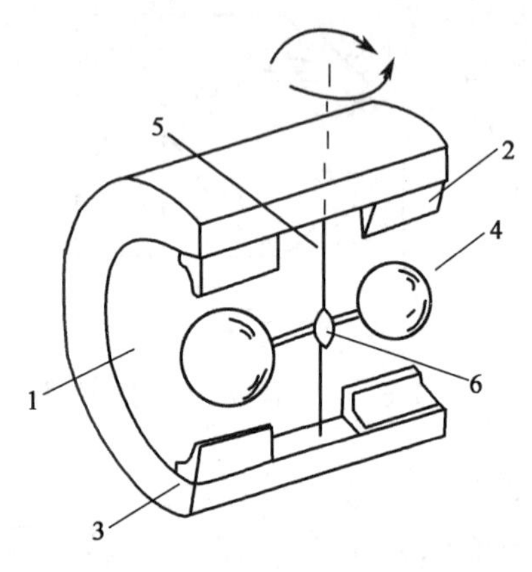

图6.7 磁力机械式氧分析器检测部件结构图

1—密闭气室;2、3—磁极;4—空心球体;5—弹性金属带;6—反射镜

被测样气由入口进入气室后,就充满了气室。两个空心球被样气所包围,被测样气的氧含量不同,受到磁场的吸引力也不同,球体所受到的作用力 F_M就不同。如果两个空心球体积相同,则受到的力大小相等、方向相反,对于中心支撑点金属带而言,它受到的是一个力偶 M_M的作用,这个力偶促使哑铃以金属带为轴心偏转,该力偶矩为

$$M_M = F_M \times 2R_P \tag{6.10}$$

式中 R_P——球体中心至金属带的垂直距离(哑铃的力臂)。

在哑铃作角位移的同时,金属带会产生一个抵抗哑铃偏转的复位力矩以平衡 M_M,被测样气中的氧含量不同,旋转力矩和复位力矩的平衡位置不同,也就是哑铃的偏转角度 Ψ 不同,这样,哑铃偏转角度 Ψ 的大小,就反映了被测气体中氧含量的多少。

对哑铃偏转角度 Ψ 的测量,大多是采用光电系统来完成的,如图6.8所示,由光源发出的光投射在平面反射镜上,反射镜再把光束反射到两个光电元件(如硅光电池)上。在被测样气不含氧时,空心球处于磁场的中间位置,此时,平面反射镜将光源发出的光束均衡地反射在两个光电元件上,两个光电元件接收的光能相等,一般两个光电元件采用差动方式连接,因此,光电组件输出为零,仪表最终输出也为零。当被测样气中有氧存在时,氧分子受磁场吸引,沿磁场强度梯度方向形成氧分压差,其大小随氧含量不同而异,该压力差驱动空心球移出磁场中心位置,于是哑铃偏转一个角度,反射镜随之偏转,反射出的光束也随之偏移,这时,两个光电元件接收到的光能量出现差值,光电组件有毫伏电压信号输出。被测气体中氧含量越高,光电组件输出信号越大。

为了改善仪器的输出特性,有的在空心球的外围环绕一匝金属线圈,如图6.9所示。该金属线圈在电路上接收输出电流的反馈,对哑铃产生一个附加复位力矩,从而使哑铃的偏转角度 Ψ 大大减小。

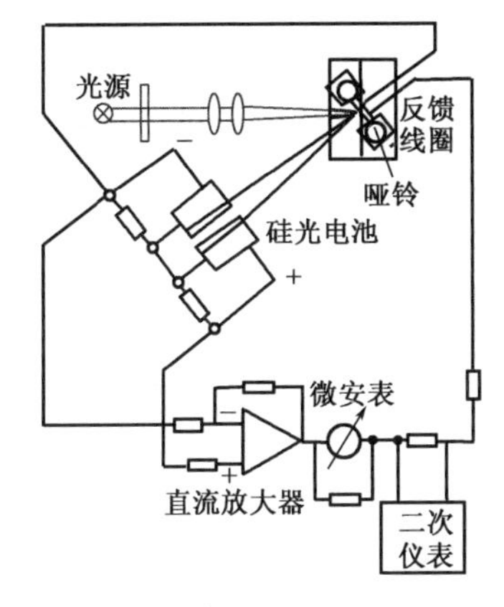

图 6.8　磁力机械式氧分析器原理示意图

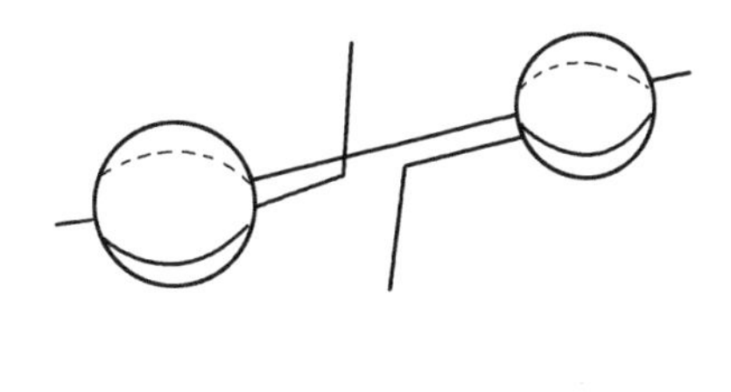

图 6.9　空心球体的一匝金属线圈

6.4　磁压力式氧分析器

根据被测气体在磁场作用下压力的变化量来测量氧含量的仪器称为磁压力式氧分析器。其测量原理简述如下。

被测气体进入磁场后，在磁场作用下气体的压力将发生变化，致使气体在磁场内和无磁场空间存在着压力差：

$$\Delta p = \frac{1}{2}\mu_0 H^2 k \tag{6.11}$$

式中　Δp——压差；

　　μ_0——真空磁导率；

　　H——磁场强度；

　　k——被测气体的体积磁化率。

由式(6.11)可以看出压差 Δp 与磁场强度 H 的平方及被测气体的体积磁化率 k 均成正比。在同一磁场中，同时引入两种磁化率不同的气体，那么两种气体同样存在压力差，这个压力差同两种气体磁化率的差值也同样存在正比关系：

$$\Delta p = \frac{1}{2}\mu_0 H^2 (k_m - k_r) \tag{6.12}$$

式中　k_m——被测气体的体积磁化率；

　　k_r——参比气体的体积磁化率。

从式(6.12)可看出，当分析器结构和参比气体确定后，μ_0、H、k_r 均为已知量，k_m 与 Δp 有着严格的线性关系，由式(6.4)可以得到：

$$k_m \approx k_1 c_1 \tag{6.13}$$

式中　k_1——被测混合气体中氧的体积磁化率；

　　c_1——被测混合气体中氧的体积分数。

将式(6.13)代入式(6.12)得到

$$\Delta p = \frac{1}{2}\mu_0 H^2 (k_1 c_1 - k_r) \tag{6.14}$$

由式(6.14)可以看出,被测气体氧的体积分数 c_1 与压差 Δp 有线性关系。这就是磁压力式氧分析器的测量原理。

在磁压力式氧分析器中,测量室中被测气体的压力变化量被传递到磁场外部的检测器中转换为电信号。

7　电化学式氧分析器原理

本章所介绍的电化学式氧分析器包括采用固体电解质的氧化锆氧分析器、直插式氧化锆氧分析器及采用液体电解质的燃料电池式氧分析器。

7.1　氧化锆氧分析器

要达到锅炉经济燃烧,使热效率高而污染小,必须把空气过剩系数控制在合理的范围内。采用氧化锆氧分析器监测烟气中的氧含量,将空气过剩系数控制在合理的范围之内,可以达到经济燃烧的目的。同时,当锅炉处于经济燃烧状态时,烟气中 SO_2 和 SO_3 含量低,既减少了环境污染又降低了锅炉尾部腐蚀,从而延长了炉龄。

7.1.1　氧化锆的导电机理

电解质溶液靠离子导电,具有离子导电性质的固体物质称为固体电解质。固体电解质是离子晶体结构,靠空穴使离子运动而导电,与 P 型半导体靠空穴导电的机理相似。

纯氧化锆(ZrO_2)不导电,掺杂一定比例的低价金属物作为稳定剂,如氧化钙(CaO)、氧化镁(MgO)、氧化钇(Y_2O_3),就具有高温导电性,成为氧化锆固体电解质。

加入稳定剂后,氧化锆就会具有很高的离子导电性:掺有少量 CaO 的 ZrO_2 混合物,在结晶过程中,钙离子进入立方晶体中,置换了锆离子。由于锆离子是 +4 价,而钙离子是 +2 价,一个钙离子进入晶体中只带入了一个氧离子,而被置换出来的锆离子带出了两个氧离子,结果,在晶体中便留下了一个氧离子空穴,如图 7.1 所示。例如,$(ZrO_2)_{0.85}(CaO)_{0.15}$ 这样的氧化锆(下角表示它们的摩尔分数,ZrO_2 的摩尔分数是 85%、CaO 的摩尔分数是 15%),则具有了7.5% 摩尔分数的氧离子空穴,是一种良好的氧离子固体电解质。

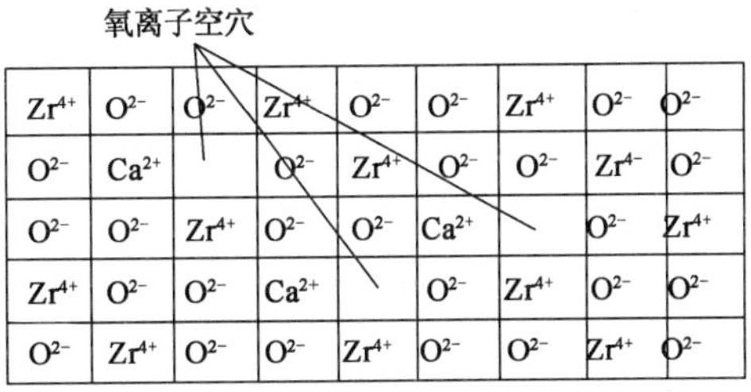

氧离子空穴

Zr^{4+}	O^{2-}	O^{2-}	Zr^{4+}	O^{2-}	O^{2-}	Zr^{4+}	O^{2-}	O^{2-}
O^{2-}	Ca^{2+}		O^{2-}	Zr^{4+}	O^{2-}	O^{2-}	Zr^{4-}	O^{2-}
O^{2-}	O^{2-}	Zr^{4+}	O^{2-}	O^{2-}	Ca^{2+}		O^{2-}	Zr^{4+}
Zr^{4+}	O^{2-}	O^{2-}	Ca^{2+}		O^{2-}	Zr^{4+}	O^{2-}	O^{2-}
O^{2-}	Zr^{4+}	O^{2-}	O^{2-}	Zr^{4+}	O^{2-}	O^{2-}	Zr^{4+}	O^{2-}

图 7.1　氧离子空穴形成示意图

7.1.2　氧化锆氧分析器的测量原理

在一片高致密的氧化锆固体电解质的两侧,用烧结的方法制成几微米到几十微米厚的多孔铂层作为电极,再在电极上焊上铂丝作为引线,就构成了氧浓差电池,如图 7.2 所示。如果电池左侧通入参比气体(空气),其氧分压为 p_0;电池右侧通入被测气体,其氧分压为 p_1(未知)。

设 $p_0 > p_1$,在高温下(650 ~ 850℃),氧就会从分压大的 p_0 侧向分压小的 p_1 侧扩散,这种扩散,不是氧分子透过氧化锆从 p_0 侧到 p_1 侧,而是氧分子离解成氧离子后通过氧化锆的过程。750℃左右的高温中,在铂电极的催化作用下,电池的 p_0 侧发生还原反应,一个氧分子从铂电极取得 4 个电子,变成两个氧离子(O^{2-})进入电解质,即

$$O_2 + 4e^- \longrightarrow 2O^{2-}$$

p_0 侧的铂电极由于大量给出电子而带正电,成为氧浓差电池的正极或阳极。

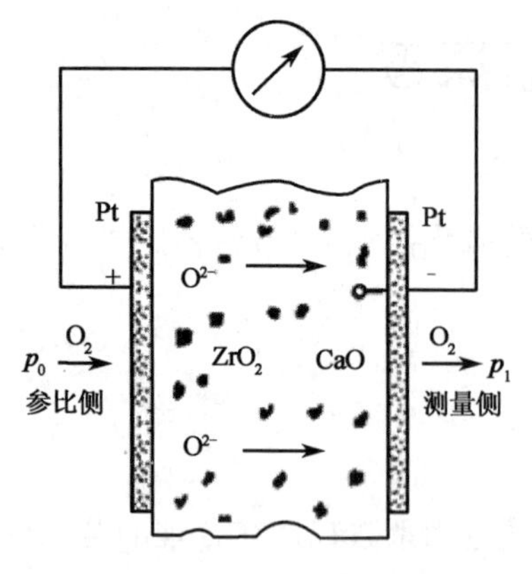

图 7.2　氧浓差电池原理图

这些氧离子进入电解质后,通过晶体中的空穴向前运动到达右侧的铂电极,在电池的 p_1 侧发生氧化反应,氧离子在铂电极上释放电子并结合成氧分子析出,即

$$2O^{2-} \longrightarrow O_2 + 4e^-$$

p_1 侧的铂电极由于大量得到电子而带负电,成为氧浓差电池的负极或阴极。

这样在两个电极上由于正负电荷的堆积而形成一个电势,称为氧浓差电动势。当用导线将两个电极连成电路时,负极上的电子就会通过外电路流到正极,再供给氧分子形成氧离子,电路中就有电流通过。

7.1.3　氧化锆探头的理论电势输出值

氧浓差电动势的大小,与氧化锆固体电解质两侧气体中的氧浓度有关。通过理论分析和试验证实,它们的关系可用能斯特方程式表示。

$$E = 1000\frac{RT}{nF}\ln\frac{p_0}{p_1} \tag{7.1}$$

式中　E——氧浓差电动势,mV;

R——气体常数,8.3145J/(mol·K);

T——氧化锆探头的工作温度,K;

n——参加反应的电子数,对氧而言,$n=4$;

F——法拉第常数,96500C/mol;

p_0——参比气体的氧分压;

p_1——被测气体的氧分压。

如被测气体的总压力与参比气体的总压力相同,则式(7.1)可改写为

$$E = 1000\frac{RT}{4F}\ln\frac{c_0}{c_1} \tag{7.2}$$

式中　c_0——参比气体中氧的体积分数,一般用空气作参比气,取 $c_0=20.6\%$(干空气氧含量为 20.9%,25℃、相对湿度为 50% 时,氧含量约为 20.6%);

c_1——被测气体中氧的体积分数。

从上式可以看出,当参比气体中的氧含量 $c_0=20.6\%$ 时,氧浓度差电动势仅是被测气体中氧含量 c_1 和温度 T 的函数。被测气体中的氧含量越小,氧浓差电动势越大。这对于测量氧含量低的烟气是有利的。把式(7.2)中的自然对数换为常用对数,得

$$E = 2302.5\frac{RT}{4F}\lg\frac{0.206}{c_1} \tag{7.3}$$

$$E = 0.0496T\lg\frac{0.206}{c_1} \tag{7.4}$$

$$E = 0.0496(273.15 + t)\lg \frac{0.206}{c_1} \tag{7.5}$$

实际工作中,可按式(7.3)至式(7.5)计算氧化锆探头理论电势输出值。

例如,氧化锆探头的工作温度为750℃,c_0 为20.6%,则电池的氧浓差电动势 E 为

$$E = 50.74\lg \frac{0.206}{c_1} \tag{7.6}$$

若烟气中氧含量分别为1%、5%和10%,则以 c_1 =1%、5%、10%代入式(7.6)后得

$$E_{1\%} = 50.74 \times \lg \frac{0.206}{0.01} = 66.67(\mathrm{mV})$$

$$E_{5\%} = 50.74 \times \lg \frac{0.206}{0.05} = 31.20(\mathrm{mV})$$

$$E_{10\%} = 50.74 \times \lg \frac{0.206}{0.1} = 15.93(\mathrm{mV})$$

可知,氧化锆探头在750℃工作温度下,在氧含量1%、5%、10%的烟气中应分别产生66.67mV、31.20mV、15.93mV的理论电势输出值。

根据以上计算方法,可作出各种不同条件下的氧化锆探头理论电势输出值表,以便仪器校准时参考。表7.1就是这种表的示例。

表7.1 氧化锆探头理论电势输出值

氧含量,%	氧浓差电势,mV					
	600℃	650℃	700℃	750℃	800℃	850℃
1.00	56.89	60.15	63.41	66.67	69.92	73.18
1.50	49.27	52.09	54.91	57.73	60.55	63.37
2.00	43.86	46.37	48.88	51.39	53.90	56.41
2.50	39.66	41.93	44.20	46.47	48.63	51.02
3.00	36.23	38.31	40.38	42.46	44.53	46.61
3.50	33.33	35.24	37.15	39.06	40.97	42.88
4.00	30.82	32.59	34.35	36.12	37.88	39.65
4.50	28.61	30.24	31.88	33.52	35.16	36.80
5.00	26.63	28.15	29.67	31.20	32.72	34.25
5.50	24.83	26.26	27.68	29.10	30.52	31.94
6.00	23.20	24.53	25.85	27.18	28.51	29.84
6.50	21.69	22.93	24.18	25.42	26.66	27.90
7.00	20.30	21.46	22.62	23.79	24.95	26.11
7.50	19.00	20.09	21.18	22.26	23.35	24.44
8.00	17.79	18.81	19.82	20.84	21.86	22.88
8.50	16.65	17.60	18.55	19.51	20.46	21.41
9.00	15.57	16.46	17.36	18.25	19.14	20.03
9.50	14.56	15.39	16.22	16.95	17.95	18.72
10.00	13.59	14.37	15.15	15.93	16.70	17.48

7.1.4 氧化锆探头的实际电势输出值

氧化锆探头的理论电势输出值是根据能斯特方程计算出来的，能斯特方程只适合于理想的氧化锆测氧电池（简称理想电池），理想电池必须符合以下几个条件：

(1)内、外电极的温度相同，气压相同；

(2)电池中除氧浓差电势外，应无任何附加电势存在；

(3)参比气体和待测气体应为理想气体；

(4)电池应是可逆的；

(5)以空气作参比时，应保证参比电极附近空气更新好；

(6)氧化锆电解质应无电子导电。

但实际使用的氧化锆测氧电池（简称实际电池）并不能完全满足以上条件，这是由于在氧化锆探头和被测烟气中存在许多影响因素，诸如内、外电极温度不等和气压不等，池温误差、电池的不对称性，烟气中 SO_2、SO_3 的腐蚀作用以及烟尘在电极上的沉积等，从而在不同程度上偏离能斯特方程，使其实际电势输出值偏离理论电势输出值，给测量结果带来误差。

研究结果表明，在氧含量 0 ~ 20.6% 的范围内，上述诸因素不影响能斯特方程中 $E—\ln\frac{p_0}{p_1}$ 的线性关系，只影响该工作曲线的斜率和截距。理论电池的工作曲线，即能斯特方程 $E = 1000\frac{RT}{nF}\ln\frac{p_0}{p_1}$，其斜率为 $1000\frac{RT}{nF}$，截距为零。而实际电池的工作曲线的斜率均小于 $1000\frac{RT}{nF}$，截距不为零，一般为一负的电势值。实际电池的工作曲线可用下述方程表示：

$$E_m = 1000\frac{R(T+\Delta T)}{4F}\ln\frac{p_0}{p_1} + E_0 \tag{7.7}$$

式中 E_m——实际电池的氧浓差电动势，mV；

E_0——实际电池的本底电势，mV；

ΔT——炉温修正值，K。

本底电势 E_0 定义为当电池两边的氧含量相等时，实际电池所存在的附加电势，又称无氧差电势、零点电势。理想电池的本底电势等于零，但任何实际电池并非理想电池，因此都有本底电势，其来源主要有以下五个方面：

(1)内、外电极间存在温度差，它将产生一个温差电势，温度高的一边为负；

(2)电池中参比边和测量边的不对称，将产生接触电势；

(3)电极上的积灰影响气体扩散到电极表面的速度，造成电极表面和气体间的浓度差，将产生极化电势；

(4)参比空气更新不完全，造成参比电极上氧含量低于空气中氧含量，也将造成本底电势；

(5) SO_2、SO_3 等对电池的腐蚀作用，也会影响本底电势。

各种氧化锆探头具有不同的本底电势，并规定了其允许变化范围，在该范围内可以用标气调校的方法加以修正，从而消除其影响。

理想电池工作曲线的斜率为 $2302.5\frac{RT}{4F}$，当池温 T 变化时，斜率也会随之变化。采用测温热电偶测量池温的变化，并对 T 进行修正可以补偿其影响。但在实际的氧化锆探头中，还存在来自以下两方面的影响：

(1)恒温电炉加热与保温时,其热量总是由外电极传至内电极,因此内、外电极间存在一定温度差；

(2)由于热电偶的测温点不可能位于电极上,加之热电偶本身的测量误差,因此池温测量存在一定误差。

由此看来,电炉加热温度（热电偶测量温度)与氧化锆电池的实际工作温度之间是存在差异的。为了克服这种差异,需引入炉温修正值 ΔT 进行修正。例如,某探头的电炉加热温度为750℃,而探头的实际工作曲线只相当于720℃下的能斯特方程曲线,则称720℃为实际池温,此时炉温修正值 $\Delta T = 720℃ - 750℃ = -30℃$。在设计氧化锆氧分析器时,考虑到探头的炉温修正值 ΔT 在使用中变化不大,因此往往以一个平均值 ΔT 固定在仪器中。

综上所述,氧化锆探头的实际电势输出值应按式(7.7)计算,式(7.7)与式(7.1)相比,增加了两个参数,一个参数为本底电势 E_0,用于修正截距偏离值,一个参数为炉温修正值 ΔT,用于修正斜率偏离值。

需要说明的是,本底电势的修正是通过仪器校准完成的,炉温修正是在仪器的转换器中实现的。对于用户来说,仍可按氧化锆探头理论电势输出值表对仪器进行调校和检查。

7.2 直插式氧化锆氧分析器

直插式氧化锆氧分析器的突出优点是:结构简单、维护方便、反应速度快和测量范围广,特别是它省去了取样和样品处理环节,从而避免了许多麻烦,因而被广泛应用于各种锅炉和工业炉窑中。

直插式氧化锆氧分析器由氧化锆探头(检测器)和转换器(变送器)两部分组成,两者连接在一起称为一体式结构,两者分开安装的称为分离式结构。本节介绍一种常用的分离式氧化锆氧分析器,以某公司的产品为例,其系统配置见图7.3。

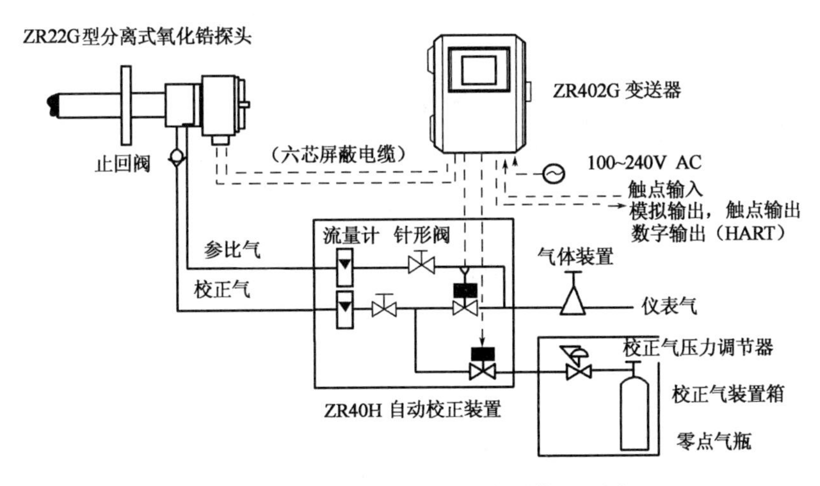

图7.3　分离式氧化锆氧分析器系统配置图

7.2.1 氧化锆探头

图7.4是氧化锆探头组成示意图,图7.5和图7.6分别是氧化锆元件的外形结构和工作原理图。

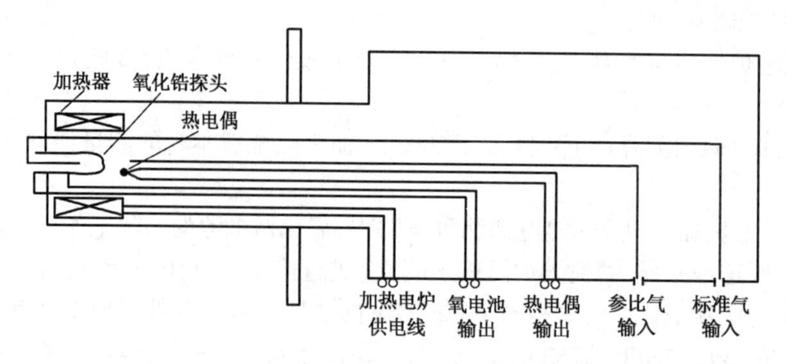

图 7.4　氧化锆探头组成示意图

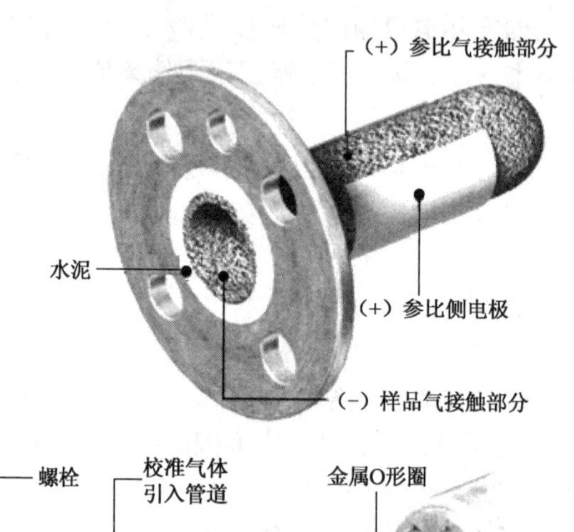

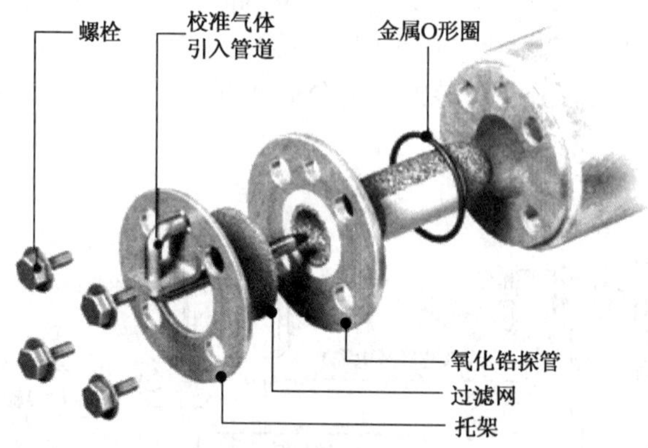

图 7.5　氧化锆元件的外形结构图

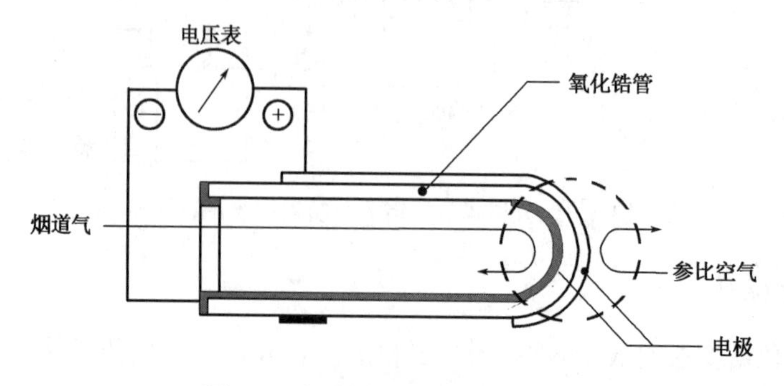

图 7.6　氧化锆探头的工作原理图

图中锆管为试管形，管内侧通被测烟气，管外侧通参比气（空气）。锆管很小，管径一般为10mm，壁厚约1mm，长度约160mm。材料有$(ZrO_2)_{0.85}(CaO)_{0.15}$、$(ZrO_2)_{0.90}(MgO)_{0.10}$、$(ZrO_2)_{0.90}(Y_2O_3)_{0.10}$几种。

内外电极为多孔形铂（Pt），用涂敷和烧结方法制成，长20～30mm，厚度几微米到几十微米。铂电极引线一般多采用涂层引线，即在涂敷铂电极时将电极延伸一点，然后用ϕ0.3～0.4mm的金属丝与涂层连接起来。

热电偶检测氧化锆探头的工作温度，多采用K型热电偶。加热电炉用于对探头加热和进行温控。过滤网用于过滤烟尘，也可采用陶瓷过滤器或碳化硅过滤器。参比气管路通参比空气，校准气管路在仪器校准时通入校准气。

7.2.2 转换器

转换器除了要完成对检测器输出信号的放大和转换以外，还要重点解决以下三个问题：（1）氧浓差电池是一个高内阻信号源，要想真实地检测出氧浓差电池输出的电动势信号，首先要解决与信号源的阻抗匹配问题；（2）氧浓差电动势与被测样品中的氧含量之间呈对数关系，所以要解决输出信号的非线性问题；（3）根据氧浓差电池的能斯特公式，氧浓差电池电动势的大小，取决于温度和固体电解质两侧的氧含量。温度的变化会给测量带来较大误差，所以还要解决检测器的恒温控制问题。

图7.7是氧化锆氧分析器电路系统的方框图（目前氧化锆氧分析器的转换器中已普遍采用微处理器技术，该图仅用于说明信号处理过程）。

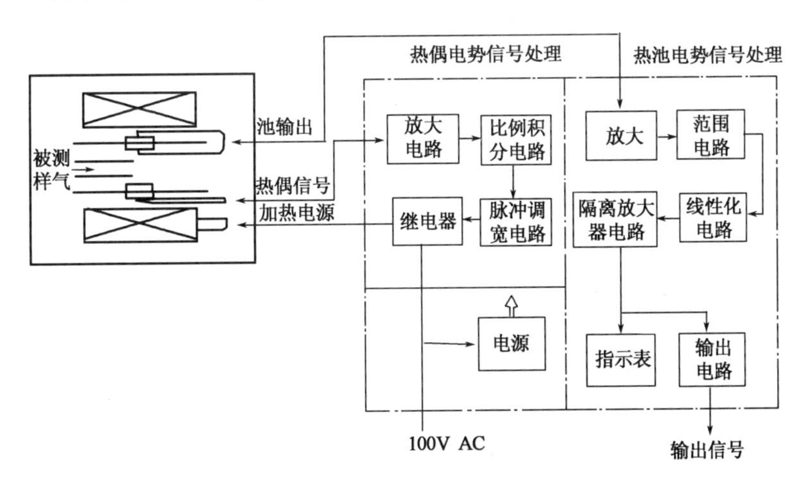

图7.7　氧化锆氧分析器电路系统方框图

检测器有两个信号输出，一个是氧浓差电池输出的电动势信号，另一个是测温元件热电偶输出的电动势信号。信号处理部分包括氧浓差电动势信号处理回路和热电偶电动势信号处理回路。

1）氧浓差电动势信号处理回路

来自检测器的氧浓差电动势信号，经放大电路的高输入阻抗直流放大器检出并放大后，变为低输出阻抗电压信号送给范围电路，范围电路设置0～1%、0～5%、0～10%、0～25%四挡量程供选择，然后，信号进入线性化电路。线性化电路实际上是一个反对数放大器，信号经反对数放大器运算处理后，输出电压与被测样气中氧含量便呈线性关系。从线性化电路输出的信号送往隔离放大器电路，它的作用是对信号放大电路与显示部分实现信号的电隔离，以满足本安防爆要求。最后,信号在输出电路中调整为标准电压或电流信号送出。

2)热电偶电动势信号处理回路

热电偶测量浓差电池的工作温度,代表温度值的热电偶电动势信号经过放大等一系列处理后,控制对浓差电池加热的电炉,使浓差电池的工作温度维持在设定温度(750℃),以消除由温度波动带来的测量误差。由代表氧浓差电池工作温度的热电偶电动势信号与代表设定温度的电压信号相比较,作为差模信号加在直流放大器的输入端,经放大后送给比例积分电路,该电路的输出与输入成正比,其主要作用是消除温度调节过程中的余差,同时又能起到隔离作用,其输出送给脉冲调宽电路。脉冲调宽电路是一个无稳态多谐振荡器,输出为一系列脉冲,其脉冲宽度正比于设定温度减去被控对象温度的差值,输出脉冲通过常闭继电器控制加热器的电流,最终实现对氧浓差电池的恒温控制。

7.3 燃料电池式氧分析器

7.3.1 燃料电池及燃料电池式氧分析器的优势与不足

1)燃料电池及其类型

所谓燃料电池,是原电池中的一种类型。原电池式氧分析器中的电化学反应可以自发地进行,不需要外部供电,其综合反应是气样中的氧和阳极的氧化反应,反应的结果生成阳极材料的氧化物,这种反应类似于氧的燃烧反应,所以这类原电池也称为“燃料电池”,以便与其他类型的原电池相区别,这类仪器也称为燃料电池式氧分析器。由于阳极在反应中不断消耗,因而电池需定期更换。

燃料电池式氧分析器的使用场合较为广泛,它既可以测微量氧,也可以测常量氧。燃料电池中的电解质以前均采用电解液,近 20 年来开发出多种采用固体电解质(糊状电解液)的燃料电池,为了便于叙述,将其分别称为液体燃料电池和固体燃料电池。

在液体燃料电池中,根据电解液的性质,又有碱性液体燃料电池和酸性液体燃料电池之分。

2)燃料电池式氧分析器的优势与不足

测量微量氧是燃料电池式氧分析器的优势,测量下限可达 10^{-6}级,而顺磁式氧分析器测量下限一般为 0.1%(1000×10^{-6}),个别产品可达 0.02%(200×10^{-6})。氧化锆氧分析器的测量范围为 10×10^{-6}~100%,氧化锆探头的工作温度约在 750℃左右,在测定微量氧时,会和气体中含有的还原性成分发生氧化反应而耗氧,使测量受到干扰,因而测量结果的准确性难以保证。当氧的含量低于 10×10^{-6}时,测量数据偏差过大,不宜使用。氧化锆氧分析器更不能用于还原性气体、可燃性气体中的微量氧测量。

测量常量氧则是顺磁式及氧化锆式氧分析器的优势。燃料电池式氧分析器虽然也能测常量氧,但测量精度和长期使用的稳定性均不如顺磁式氧分析器。电池的使用寿命与氧的浓度有关,测量常量氧时电池更换周期缩短,虽然采用毛细扩散孔可延长电池寿命,但易受样气压力波动的影响,因此它仅适用于要求不高的一般场合。

7.3.2 碱性液体燃料电池氧传感器

碱性液体燃料电池由银阴极 + 铅阳极 + KOH 碱性电解液组成,适用于一般场合,既可测微量氧也可测常量氧。当被测气体中含有酸性成分(如 CO_2、H_2S、Cl_2、SO_2、NO_x 等)时,会与碱性电解液起中和反应并对银电极有腐蚀作用,造成电解池性能的衰变,出现响应时间变慢、灵敏度降低等现象,因此它不适用于含酸性成分的气体测量。

1)结构和工作原理

图7.8所示是一种碱性液体燃料电池氧传感器的原理结构图。它由银阴极+铅阳极+KOH碱性电解液组成,图中的接触金属片作为电极引线分别与阴极和阳极相连,电解液通过上表面阴极的众多圆孔外溢形成薄薄的一层电解质,电解质薄层的上面覆盖了一张可以渗透气体的聚四氟乙烯(PTFE)膜。

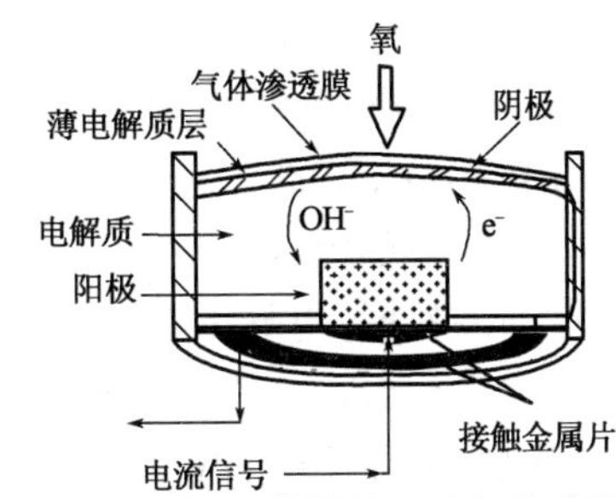

图7.8 碱性液体燃料电池氧传感器的原理结构图

被测气体经过渗透膜进入薄电解质层,气样中的氧在电池中进行下述电化学反应:

银阴极: $O_2 + 2H_2O + 4e^- \longrightarrow 4OH^-$

铅阳极: $2Pb + 4OH^- \longrightarrow 2PbO + 2H_2O + 4e^-$

电池的综合反应: $O_2 + 2Pb \longrightarrow 2PbO$

此反应是不可逆的,OH^-离子流产生的电流与气样中氧的浓度成比例。在没有氧存在时不会发生反应,也不会产生电流,传感器具有绝对零点。阳极的铅(Pb)在反应中不断地变成氧化铅,直至铅电极耗尽为止,就像某些燃料被不断氧化烧尽一样。

2)特性分析

碱性溶液中氧在银电极还原为 OH^- 的过程,可用下式概括地表达:

$$I = K \times \frac{[O_2]}{[OH^-]} e^{-\frac{3}{2}\cdot\frac{\varphi F}{RT}} \tag{7.8}$$

式中 I——通过原电池电极的电流;

K——常数;

$[O_2]$——被测气样中氧的浓度;

$[OH^-]$——电解液中 OH^- 的活度(有效浓度);

φ——银电极的极化反应电位;

F——法拉第常数;

R——气体常数;

T——热力学温度。

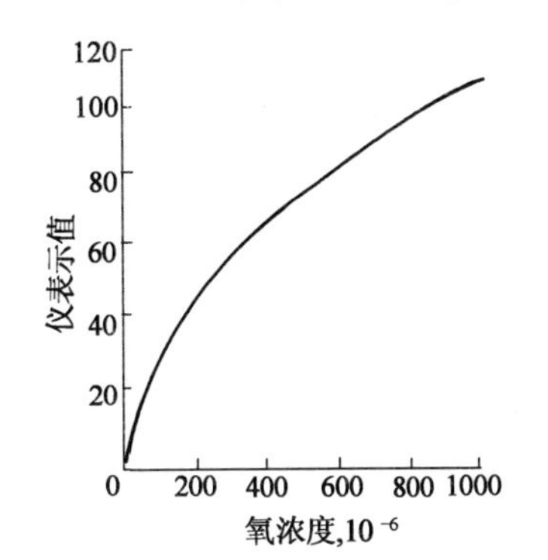

图7.9 氧浓度与输出信号的关系

式(7.8)并不包括碱性原电池的全部反应,但在解释原电池的特性时,可作定性指导,下面从式(7.8)出发,对碱性原电池的主要特性进行讨论。

(1)线性特性。

从图7.9中可以看出,当氧浓度升高时,即出现非线性关系。

(2)温度特性。

原电池的放电电流与热力学温度 T 呈指数关系,当温度升高时,它的放电电流将显著增加。由此可见,要保证其测量精度,可采用保持恒温或进行温度补偿两种办法,目前的燃料电池中，均装有热敏电阻进行温度补偿。

(3) KOH 溶液对原电池性能的影响。

从式(7.8)可以看出，$[OH^-]$与原电池的放电电流 I 为负指数关系，溶液中 OH^- 活度的变化会对 I 造成较大影响，从而对原电池的灵敏度造成影响。

溶液中 OH^- 的活度与 KOH 溶液的浓度有关，并受温度的影响，当溶液的浓度或温度发生变化时，OH^- 的活度也将相应发生变化。研究表明，当 KOH 溶液的浓度在 6mol/L(质量分数 26.8%)左右时，电导率有一极大值，即该点 OH^- 的活度有极大值。如使 KOH 溶液的浓度保持在 5.5 ~ 6.9mol/L(质量分数 24.8% ~ 30.2%)之间，则由溶液浓度、温度变化而引起的电导率变化最小，即该点 OH^- 的活度变化最小，对原电池灵敏度的影响也最小，这样就可以改善原电池的稳定性。原电池中 KOH 溶液的配制就是依据上述原理进行的。

(4)气样流量的影响。

气样流量的变化对原电池的放电电流一般无显著影响，这是因为隔膜式原电池的测量结果直接与被测气体成分的分压有关，当气样中氧的浓度未发生变化时，氧的分压也未发生变化，因此，电极的化学反应也不会发生变化。

7.3.3 酸性液体燃料电池氧传感器

酸性液体燃料电池由金阴极 + 铅阳极(或石墨阳极等) + 醋酸电解液组成，适用于被测气体中含有酸性成分的场合，例如用于烟道气的分析，但不适用于含碱性成分(如 NH_3 等)的气体测量。它只能测常量氧，不能用于微量氧测量。图 7.10 是一种酸性液体燃料电池氧传感器的原理结构图，其阴极是金电极，阳极是石墨电极，电解液为醋酸(乙酸，CH_3COOH)溶液。金电极对燃料电池是阴极，发生还原反应，放出电子；但对于外电路来说是正极，获得电子。同样，石墨电极对燃料电池是阳极，发生氧化反应，得到电子；但对于外电路来说是负极，供给电子。

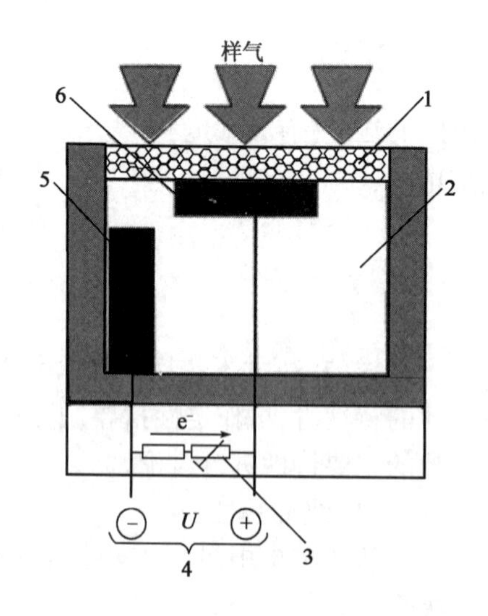

图 7.10 酸性液体燃料电池氧传感器的原理结构图(1)

1—FEP 制成的氧扩散膜；2—电解液(乙酸)；3—用于温度补偿的热敏电阻和负载电阻；4—外电路信号输出；5—石墨阳极；6—金阴极

样气中的氧分子通过 FEP(聚全氟乙丙烯)氧扩散膜进入燃料电池,在电极上发生如下电化学反应:

金阴极:　$O_2 + 2H_2O + 4e^- \longrightarrow 4OH^-$

石墨阳极:　$C + 4OH^- \longrightarrow CO_2 + 2H_2O + 4e^-$

电池的综合反应:　$O_2 + C = CO_2$

反应产生的电流与氧含量成正比。

图 7.11 是另一种酸性液体燃料电池氧传感器的原理结构图,它使用 PTFE(聚四氟乙烯)氧扩散膜。

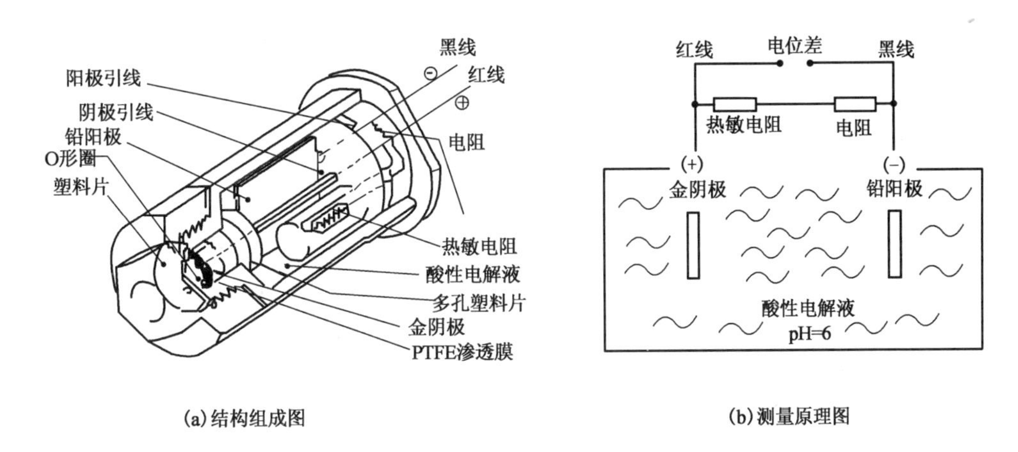

图 7.11　酸性液体燃料电池氧传感器的原理结构图(2)

电极反应如下:

金阴极:　$O_2 + 2H_2O + 4e^- \longrightarrow 4OH^-$

铅阳极:　$2Pb + 4OH^- \longrightarrow 2PbO + 2H_2O + 4e^-$

电池的综合反应:　$O_2 + 2Pb \longrightarrow 2PbO$

燃料电池输出的电流与氧的浓度成正比,此电流信号通过测量电阻和热敏电阻转换为电压信号[图 7.11(b)]。温度补偿是由热敏电阻实现的,热敏电阻装在传感器组件里面[图 7.11(a)],监视电池内的温度并改变电阻值。因此,传感器的输出不随温度而变化,只与氧浓度有关。此信号经前置放大器放大后送入微处理器中进行处理,然后以 4 ~ 20mA 电流信号或数字信号的形式输出。

7.3.4　固体燃料电池氧传感器

1)用于常量氧测量的固体燃料电池

图 7.12 是固体燃料电池氧传感器的原理结构图,这种传感器一般用于常量氧的测量。

在传感器顶部有一毛细孔,被测气体进入传感器多少取决于孔隙的大小。当气体中的氧到达工作电极(银阴极)时,立刻被分解成羟基离子:

$$O_2 + 2H_2O + 4e^- \longrightarrow 4OH^-$$

这些羟基离子穿过 KOH 糊状电解质到达铅阳极,发生如下反应:

$$2Pb + 4OH^- \longrightarrow 2PbO + 2H_2O + 4e^-$$

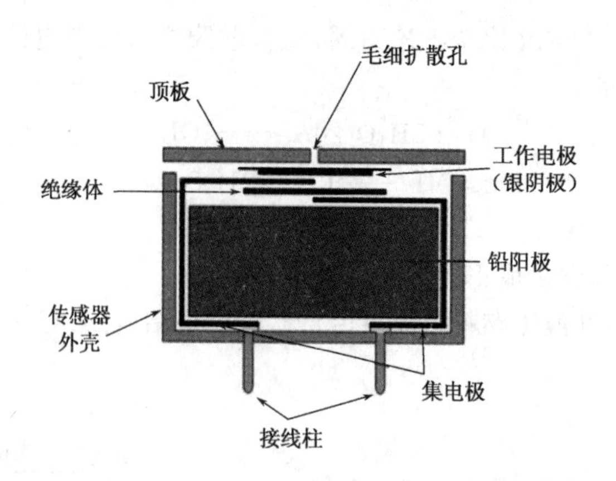

图 7.12　用于常量氧测量的固体燃料电池氧传感器的原理结构图

图中的集电极收集电流信号，并通过一只外接电阻转换成电压信号（电势差），电池的电势差与气样中的氧含量有关。

这种传感器属于裸露式结构，产生的电流和单位时间内进入传感器的氧量（气样中氧的浓度×进入传感器的气样流量）成比例，当气样的压力突变时（如由抽吸泵引起的压力脉动），进入传感器的流量也会突变，此时传感器将产生瞬间过大（或过小）电流，这种情况如不加以控制，将会造成使用问题，如发出错误报警信号等。

为了克服这种影响，实际使用的传感器在毛细孔的上边加了一片抗大流量隔膜，如图 7.13所示。此处应当注意，当气样压力变化产生的瞬变力超出这种抗大流量隔膜的允许范围时，如某些抽吸泵造成的压力脉动较大时，应在气路中增设旁路气容分室和阻尼阀等，将传感器面对的压力脉动减到最小。

2）用于微量氧测量的固体燃料电池

用于微量氧测量的固体燃料电池氧传感器见图 7.14。它和常量氧传感器的不同之处是：在传感器的顶部加了一层薄的聚四氟乙烯渗透膜，用一个大面积的孔代替了毛细孔。它产生的电流和气样中氧的分压成比例，对气样流量和压力的波动并不敏感。这是由于，聚四氟乙烯渗透膜的渗透速率和氧的压力梯度有关，当气样流量变化时，只要氧的浓度未变，氧的分压和渗透速率也不会变化，由于聚四氟乙烯渗透膜的阻尼作用，气样压力的瞬时变化对其影响也较小。

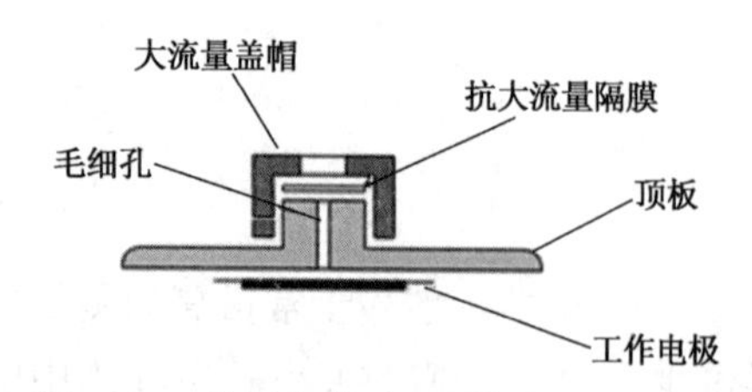

图 7.13　常量氧传感器的抗大流量隔膜

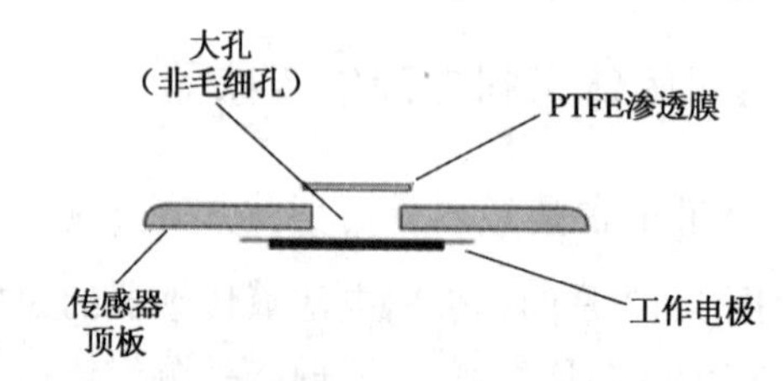

图 7.14　用于微量氧测量的固体燃料电池氧传感器

图中电池部分未画出，结构同图 7.10

电化学反应引起的铅的氧化作用使得这种传感器有一定使用期限，一旦铅块被完全氧化，传感器将停止工作。其使用寿命通常为 1～2 年，但可通过增加阳极尺寸或限制接触阳极的氧量来延长其使用寿命。

8 热导式气体分析器原理

热导式气体分析器是根据各种物质导热性能的不同，通过测量混合气体热导率的变化来分析气体组成的仪器。

8.1 气体的热导率和相对热导率

热量传递的基本方式有三种，即热对流、热辐射和热传导。在热导式气体分析器中，充分利用由热传导形成的热量交换，而尽可能抑制热对流、热辐射造成的热量损失。

8.1.1 气体的热导率

热导率表示物质的导热能力，物质传导热量的关系可用傅里叶定律来描述。如图 8.1 所示，在某物质内部存在温差，设温度沿 ox 方向逐渐降低。在 ox 方向取两点 a、b，其间距为 Δx。T_a、T_b 分别为 a、b 两点的绝对温度，把沿 ox 方向的温度变化率称为 a 点沿 ox 方向的温度梯度，在 a、b 之间与 ox 垂直方向取一个小面积 ΔS，通过实验可知，在 Δt 时间内，从高温处 a 点通过小面积 ΔS 的传热量，与时间 Δt 和温度梯度 $\Delta T/\Delta x$ 成正比，同时还与物质的性质有关系。用方程式表示为

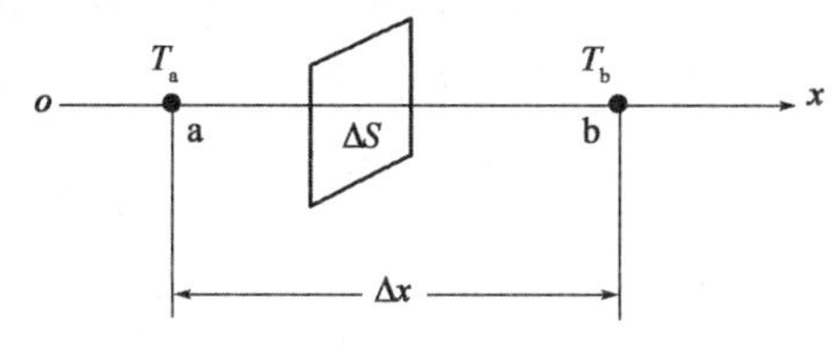

图 8.1 温度场内介质的热传导

$$\Delta Q = -\lambda \frac{\Delta T}{\Delta x} \Delta S \Delta t \tag{8.1}$$

式(8.1)表示传热量与有关参数的关系，这个关系称为傅里叶定律。式中的负号表示热量向着温度降低的方向传递，比例系数 λ 称为传热介质的热导率(也称为导热系数)。

热导率是物质的重要物理性质之一，它表征物质传导热量的能力。不同的物质其热导率也不同，而且随其组分、压强、密度、温度和湿度的变化而变化。

由式(8.1)可得

$$\lambda = -\frac{\Delta Q}{\frac{\Delta T}{\Delta x} \times \Delta S \times \Delta t} \tag{8.2}$$

如果式(8.2)中 ΔQ、$\frac{\Delta T}{\Delta x}$、$\Delta S$、$\Delta t$ 的单位分别采用 cal、℃/cm、cm^2、s，则 λ 的单位为 cal/(cm · s · ℃)。

如果式(8.2)中 ΔQ、$\frac{\Delta T}{\Delta x}$、$\Delta S$、$\Delta t$ 的单位分别采用国际单位制，即 W(瓦)、K/m、m^2、s，则 λ 的单位为 W/(m · K)。

因为 $1\text{cal} = 4.18\ \text{J} = 4.18\ \text{W} \cdot \text{s} \quad (1\text{J} = 1\text{W} \cdot \text{s})$

所以 $1\text{cal}/(\text{cm} \cdot \text{s} \cdot ℃) = 4.18 \times 10^2 \text{W}/(\text{m} \cdot \text{K})$

8.1.2 气体的相对热导率

气体热导率的绝对值很小,而且基本在同一数量级内,彼此相差并不悬殊,因此工程上通常采用"相对热导率 "这一概念。所谓相对热导率(也称相对导热系数),是指各种气体的热导率与相同条件下空气热导率的比值。如果用 λ_0、λ_{A0}分别表示在0℃时某气体和空气的热导率,则 λ_0/λ_{A0}就表示该气体在0℃时的相对热导率,$\lambda_{60}/\lambda_{A60}$则表示该气体在60℃时的相对热导率。

8.1.3 气体的热导率与温度、压力之间的关系

气体的热导率随温度的变化而变化,其关系式为

$$\lambda_t = \lambda_0(1 + \beta t) \tag{8.3}$$

式中 λ_t——温度为 t 时气体的热导率;

λ_0——0℃时气体的热导率;

β——热导率温度系数;

t——气体的温度,℃ 。

气体的热导率也随压力的变化而变化,因为气体在不同压力下密度也不同,必然导致热导率不同,不过在常压或压力变化不大时,热导率的变化并不明显。

常见气体的热导率、相对热导率及热导率温度系数见表 8.1。

表 8.1 各种气体在 0℃时的热导率 λ_0、相对热导率及热导率温度系数 β

气体名称	热导率 λ_0(0℃) 10^{-5}cal/(cm·s·℃)	相对热导率(0℃) λ_0/λ_{A0}	相对热导率(60℃) $\lambda_{60}/\lambda_{A60}$	热导率温度系数 β (0~60℃) $℃^{-1}$
空气	5.83	1.00	1.00	0.0028
氢 H_2	41.60	7.15	7.6	0.0027
氦 He	34.80	5.91	5.53	0.0018
氘 D_2	34.00	5.85	—	—
氮 N_2	5.81	0.996	0.996	0.0028
氧 O_2	5.89	1.013	1.014	0.0028
氖 Ne	11.6	1.9	1.84	0.0024
氩 Ar	3.98	0.684	0.696	0.0030
氪 Kr	2.12	0.363	—	—
氙 Xe	1.24	0.213	—	—
氯 Cl_2	1.88	0.328	0.370	—
氯化氢 HCl	—	—	0.635	—
水 H_2O	—	—	0.775	—
氨 NH_3	5.20	0.89	1.04	0.0048
一氧化碳 CO	5.63	0.96	0.962	0.0028
二氧化碳 CO_2	3.5	0.605	0.7	0.0048
二氧化硫 SO_2	2.40	0.35	—	—
硫化氢 H_2S	3.14	0.538	—	—

续表

气体名称	热导率 λ_0(0℃) 10^{-5}cal/(cm·s·℃)	相对热导率(0℃) λ_0/λ_{A0}	相对热导率(60℃) $\lambda_{60}/\lambda_{A60}$	热导率温度系数 β (0~60℃) $℃^{-1}$
二硫化碳 CS_2	3.7	0.285	—	—
甲烷 CH_4	7.21	1.25	1.45	0.0048
乙烷 C_2H_6	4.36	0.75	0.97	0.0065
乙烯 C_2H_4	4.19	0.72	0.98	0.0074
乙炔 C_2H_2	4.53	0.777	0.9	0.0048
丙烷 C_3H_8	3.58	0.615	0.832	0.0073
丁烷 C_4H_6	3.22	0.552	0.744	0.0072
戊烷 C_5H_{12}	3.12	0.535	0.702	—
己烷 C_6H_{14}	2.96	0.508	0.662	—
苯 C_6H_6	—	0.37	0.583	—
氯仿 $CHCl_3$	1.58	0.269	0.328	—
汽油	—	0.37	—	0.0098

注:(1)λ_0、λ_{60}分别表示某种气体在0℃和60℃时的热导率,λ_{A0}、λ_{A60}分别表示空气在0℃和60℃时的热导率;

(2)热导率又称为导热系数,法定计量单位为 W/(m·K),1cal/(cm·s·℃) = 4.1868×10^2W/(m·K)。

8.1.4 混合气体的热导率

混合气体中除待测组分以外的所有组分统称为背景气,背景气中对分析有影响的组分称为干扰组分。

设混合气体中各组分的体积分数分别为 $C_1, C_2, C_3, \cdots, C_n$,热导率分别为 $\lambda_1, \lambda_2, \lambda_3, \cdots, \lambda_n$,待测组分的含量和热导率为 C_1, λ_1,则必须满足以下两个条件,才能用热导式分析器进行测量。

(1)背景气各组分的热导率必须近似相等或十分接近,即

$$\lambda_2 \approx \lambda_3 \approx \cdots \approx \lambda_n \tag{8.4}$$

(2)待测组分的热导率与背景气组分的热导率有明显差异,而且差异越大越好,即

$$\lambda_1 \gg \lambda_2 \text{ 或 } \lambda_1 \ll \lambda_2$$

满足上述两个条件时:

$$\lambda = \sum_{i=1}^{n} \lambda_i C_i \tag{8.5}$$

$$\lambda = \lambda_1 C_1 + \lambda_2 C_2 + \cdots + \lambda_n C_n \tag{8.6}$$

$$\lambda \approx \lambda_1 C_1 + \lambda_2 (1 - C_1) \tag{8.7}$$

综上可得

$$C_1 = \frac{\lambda - \lambda_2}{\lambda_1 - \lambda_2} \tag{8.8}$$

式中 λ——混合气体的热导率;

λ_i——混合气体中第 i 种组分的热导率;

C_i——混合气体中第 i 种组分的体积分数。

式(8.5)说明,测得混合气体的热导率 λ,就可以求得待测组分的含量 C_1。

8.2 仪器组成和工作原理

热导式气体分析器的组成可划分为热导检测器和电路两大部分。热导检测器(习惯上称为发送器)由热导池和测量电桥构成,热导池作为测量电桥的桥臂连接在桥路中,所以二者是密不可分的。电路部分包括稳压电源、恒温控制器、信号放大电路、线性化电路和输出电路等。

8.2.1 热导池的工作原理

由于气体的热导率很小,它的变化量则更小,所以很难用直接的方法准确测量出来。热导池采用间接的方法,把混合气体热导率的变化转化为热敏元件电阻值的变化,而电阻值的变化是比较容易精确测量出来的。

图8.2为热导池工作原理示意图,把一根电阻率较大的而且温度系数也较大的电阻丝,张紧悬吊在一个导热性能良好的圆筒形金属壳体的中心,在壳体的两端有气体的进出口,圆筒内充满待测气体,电阻丝上通以恒定的电流加热。

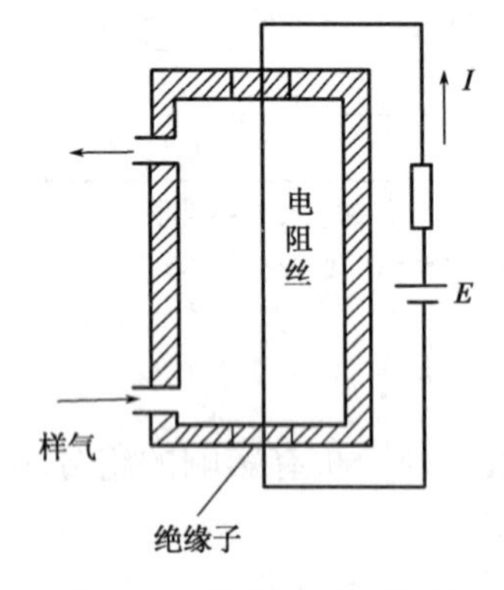

图8.2 热导池工作原理示意图

由于电阻丝通过的电流是恒定的,电阻上单位时间内所产生的热量也是定值。当待测样品气体以缓慢的速度通过池室时,电阻丝上的热量将会由气体以热传导的方式传给池壁。当气体的传热速率与电流在电阻丝上的发热率相等时(这种状态称为热平衡),电阻丝的温度就会稳定在某一个数值上,这个平衡温度决定了电阻丝的阻值。如果混合气体中待测组分的浓度发生变化,混合气体的热导率也随之变化,气体的导热速率和电阻丝的平衡温度也将随之变化,最终导致电阻丝的阻值产生相应变化,从而实现了气体热导率与电阻丝阻值之间变化量的转换。

电阻丝通常称为热丝,热丝的阻值与混合气体热导率之间的关系由下式给出(推导从略):

$$R_n = R_0(1 + \alpha t_c) + K\frac{I^2}{\lambda}R_0{}^2\alpha \tag{8.9}$$

式中 R_n、R_0——热丝在 t_n℃(热平衡时热丝温度)和0℃时的电阻值;

α——热丝的电阻温度系数;

t_c——热导池气室壁温度;

I——流过热丝的电流;

λ——混合气体的热导率(导热系数);

K——仪表常数,它是与热导池结构有关的一个常数。

式(8.9)表明,当 K、t_c、I 恒定时,R_n 与 λ 为单值函数关系。

热丝材料多用铂丝(或铂铱丝),铂丝抗腐蚀能力较强,电阻温度系数较大,而且稳定性高。铂丝可以裸露,与样气直接接触,以提高分析的响应速度。但铂丝在还原性气体中容易被侵蚀而变质,引起阻值的变化,在某些情况下还会起催化剂的作用,为此通常用玻璃膜覆盖在铂丝表面。覆盖玻璃膜的热敏元件具有强抗蚀性(可测氯气中的氢)和便于清洗的优点,但由于玻璃膜的存在,使气体与铂丝之间达到热平衡的时间延迟了,所以其动态特性稍差。

制造热导池体的材料多采用铜。为防止气体的腐蚀作用，可在热导池的内壁和气路内镀一层金或镍，也可以用不锈钢来制作。

8.2.2 热导池的结构形式

热导池的结构形式有直通式、对流式、扩散式、对流扩散式等多种，如图 8.3 所示。

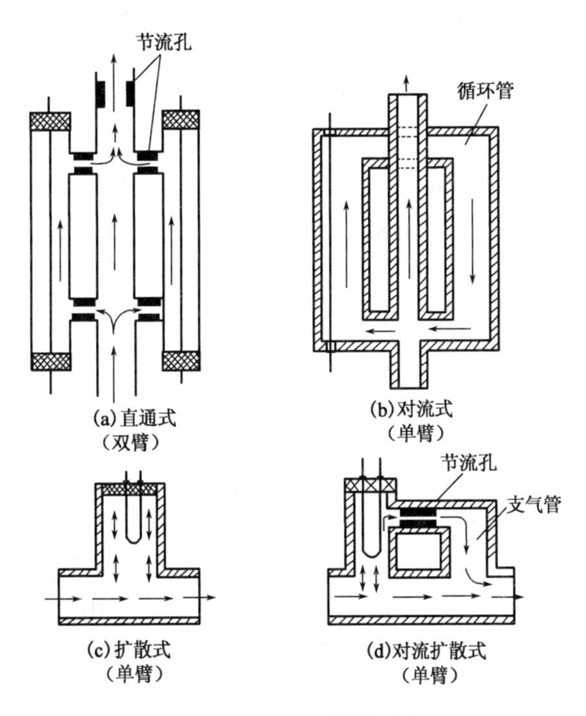

图 8.3 热导池的结构形式

1) 直通式

测量室与主气路并列，把主气路的气体分流一部分到测量室。这种结构反应速度快、滞后小，但容易受气体流量波动的影响。

2) 对流式

测量室与主气路进口并联相通，一小部分待测气体进入测量室（循环管）。气体在循环管内受热后造成热对流，推动气体按箭头方向从循环管下部回到主气路。优点是气体流量波动对测量影响不大，但它的反应速度慢，滞后大。

3) 扩散式

在主气路上部设置测量室，待测气体经扩散作用进入测量室。这种结构的优点受气体流量波动影响小，适合于容易扩散的质量较轻的气体，但对扩散系数较小的气体滞后较大。

4) 对流扩散式

在扩散式的基础上加支管形成分流，以减少滞后。当样气从主气路中流过时，一部分气体以扩散方式进入测量室中，被电阻丝加热，形成上升的气流。由于节流孔的限制，仅有一部分气流经过节流孔进入支管中，被冷却后向下方移动，最后排入主气路中。气体流过热导池的动力既有对流作用，也有扩散作用，故称为对流扩散式。这种结构既不会产生气体倒流现象，也避免了气体在扩散室内的囤积,从而保证样气有一定的流速。这种热导池对样气的压力、流量变化不敏感,而且滞后时间比扩散式要短。由于具有上述优点,对流扩散式热导池得到广泛应用。

8.2.3 测量电桥

从上面的介绍可知,热导池的作用是把混合气体中待测组分浓度的变化转换成电阻丝阻值的变化,应用电桥测量电阻十分方便,而且灵敏度和精度都比较高,所以各种型号的热导式气体分析器中几乎都采用电桥作为测量环节。

在测量电桥中,为了减少桥路电流波动或外界条件变化的影响,通常设置有测量臂和参比臂。测量臂是样品气流通的热导池,参比臂是封装参比气(或通参比气)的热导池,二者结构尺寸完全相同。参比臂置于测量臂相邻的桥臂上,其作用是:

(1)测量臂通过对流和辐射作用散失的热量与参比臂相差无几,二者相互抵消,则热丝阻值变化主要取决于热传导,即气体导热能力的变化。

(2)当环境温度变化引起热导池臂温度变化时,参比臂与测量臂同向变化,相互抵消,有利于削弱环境温度变化对测量结果的影响。

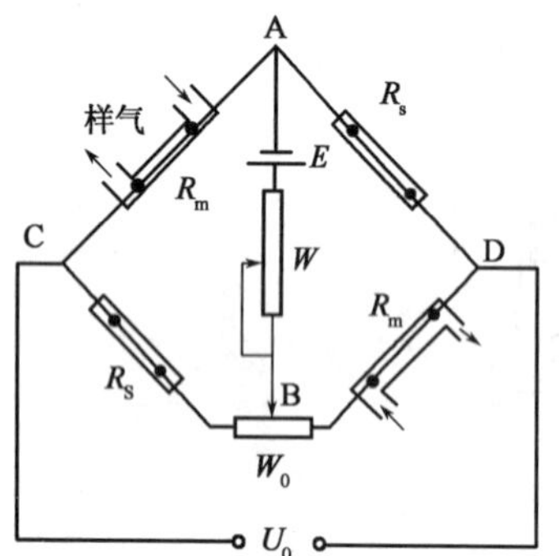

图 8.4　双臂串并联型不平衡电桥结构图

(3)改变参比气浓度,电桥检测的下限浓度也随之改变,便于改变仪器的测量范围。

在电桥的结构和桥臂配置方式上,有单臂串联型不平衡电桥、单臂并联型不平衡电桥、双臂串并联型不平衡电桥等几种形式。图 8.4 是目前普遍采用的双臂串并联型不平衡电桥的结构图,它采用了两个测量热导池和两个参比热导池,图中的 R_m 是测量臂电阻,R_s 是参比臂电阻,两个测量臂和两个参比臂相互间隔设置,形成双臂串联结构,样气依次串联流经两个热导池。

初始状态下电桥的输出为

$$U_0 = \frac{R_m}{R_m + R_s} U_{AB} - \frac{R_s}{R_m + R_s} U_{AB} \tag{8.10}$$

$$U_0 = \frac{R_m - R_s}{R_m + R_s} U_{AB} \tag{8.11}$$

当测量臂电阻变化为 ΔR_m 时,电桥输出电压的变化 ΔU_0 为

$$\Delta U_0 = \frac{(R_m + \Delta R_m) - R_s}{(R_m + \Delta R_m) + R_s} U_{AB} - \frac{R_m - R_s}{R_m + R_s} U_{AB} \tag{8.12}$$

$$\Delta U_0 = \left(\frac{R_m + \Delta R_m - R_s}{R_m + \Delta R_m + R_s} - \frac{R_m - R_s}{R_m + R_s}\right) U_{AB} \tag{8.13}$$

因为 $R_m \gg \Delta R_m$,故分母中 ΔR_m 项可以忽略,此时

$$\Delta U_0 = \frac{R_m + \Delta R_m - R_s - R_m + R_s}{R_m + R_s} U_{AB} \tag{8.14}$$

$$\Delta U_0 = \frac{\Delta R_m}{R_m + R_s} U_{AB} \tag{8.15}$$

设电桥为等臂电桥，即

$$R_m = R_s = R \tag{8.16}$$

则

$$\Delta U_0 = \frac{\Delta R_m}{2R} U_{AB} \tag{8.17}$$

式(8.17)是 ΔR_m 与 ΔU_0 之间的关系式，也是这种电桥的测量灵敏度表达式，与同一结构的单臂电桥相比，其测量灵敏度提高了一倍。

图8.5是双臂串并联型不平衡电桥中使用的一种组合式热导池，有两个测量热导池(位于引线垂直方向与参比气输送管道交叉处)和两个参比热导池(位于引线垂直方向与试样气体传送管道交叉处)，其引线分别接入测量电桥的四个臂中，每个热导池均采用对流扩散式结构。

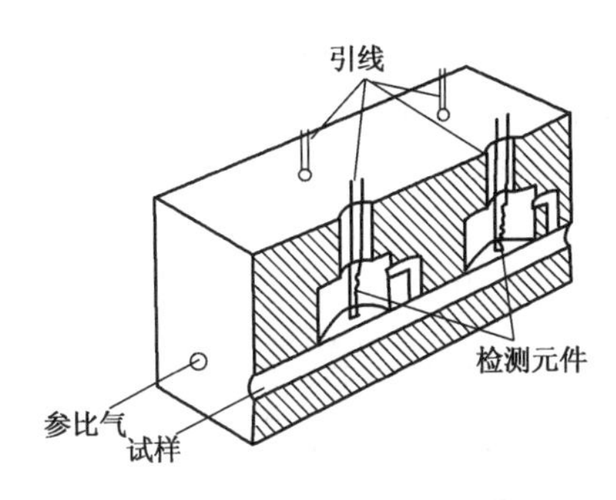

图8.5　组合式热导池结构示意图

四个热导池用一块导热性能良好的金属材料制成一个整体，这样一来，测量池和参比池的池壁温度就会处在同一温度下，而且当环境温度变化时，对四个池壁的影响也是等同的，从而使测量误差减少。在测量精度高要求的场合，可采用恒温控制装置，使整个热导池的池体温度保持恒定。

8.2.4　热导检测器的技术进步

上面介绍的属于传统的热导检测器，热导池的内部容积是毫升级的，测量下限一般在 60×10^{-6} 数量级。随着传感器技术的进步，目前国外生产的热导式气体分析器、热导式气相色谱仪中，已开始采用微型的热导检测器，其热导池的容积是微升级的，热敏元件也是微型的，从而大大提高了检测的灵敏度，测量下限可达到 6×10^{-6} 数量级，甚至 1×10^{-6} 数量级。

9　过程气相色谱仪原理

9.1　过程气相色谱仪概述

9.1.1　气相色谱分析法和过程气相色谱仪

多组分的混合气体通过色谱柱时,被色谱柱内的填充剂所吸收或吸附,由于气体分子种类不同,被填充剂吸收或吸附的程度也不同,因而通过柱子的速度产生差异,在柱出口处就发生了混合气体被分离成各个组分的现象,如图9.1所示。这种采用色谱柱和检测器对混合气体先分离、后检测的定性、定量分析方法称为气相色谱分析法。

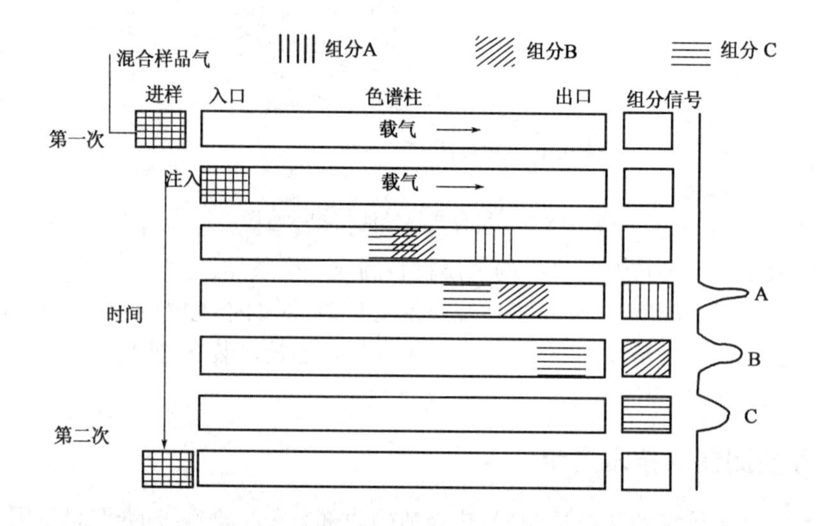

图9.1　混合气体通过色谱柱后被分离成各个组分示意图

在色谱分析法中,填充剂称为固定相,它可以是固体或液体。通过固定相而流动的流体,称为流动相,它可以是气体或液体。按照流动相的状态,可以把色谱分析法分为气相色谱法和液相色谱法两大类。按照固定相的状态,又可以把气相色谱法分为气固色谱法和气液色谱法两类。

过程气相色谱仪(PGC,process gas chromatography),又称工业气相色谱仪(以下简称过程色谱仪),是目前应用比较广泛的在线分析仪器之一。它利用先分离、后检测的原理进行工作,是一种大型、复杂的仪器,具有选择性好、灵敏度高、分析对象广以及多组分分析等优点,广泛用于石油化工、炼油、化肥、天然气、冶金等领域中。

实验室色谱仪和过程色谱仪的区别如下:对于实验室色谱仪来说,可以配备多种检测器和附件,可以安装各种类型、规格的色谱柱,可以分析多种样品,但其动作要由人工逐一操作进行。而过程色谱仪的功能比较单一,检测器、色谱柱、样品和系统动作都是固定的,要求能够自动连续可靠地重复运行;它安装在取样点附近,在结构上要适合现场的要求,在爆炸危险场所要具有防爆功能;此外,过程色谱仪要有一套取样和样品处理系统,为其连续提供适合要求的工艺流程样品。过程色谱仪的所有部件均在控制单元的统一指挥下,自动完成取样分析和测量信号的处理,最后将样品组分浓度信号输送到控制室的 DCS 或记录仪。

9.1.2 过程气相色谱仪的基本组成

图 9.2 是过程气相色谱仪分析系统的方框图。

过程气相色谱仪分析过程简述如下:工艺气体经取样装置变成洁净、干燥的样品连续流过定量管,取样时定量管中的样品在载气的携带下进入色谱柱系统。样品中的各组分在色谱柱中进行分离,然后依次进入检测器。检测器将组分的浓度信号转换成电信号。微弱的电信号经放大电路后进入数据处理部件,最后送主机的液晶显示器显示,并以模拟或数字信号形式输出。程序控制器按预先安排的动作程序控制系统中各部件自动、协调、周期地工作。温度控制器对恒温箱温度进行控制。

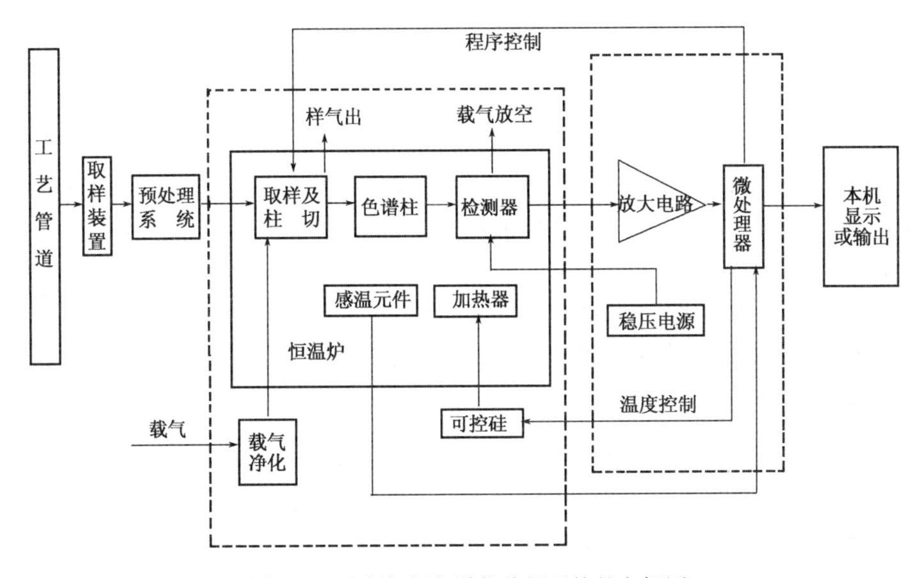

图 9.2 过程气相色谱仪分析系统的方框图

图 9.2 中的两个虚线框分别表示过程色谱仪主机中的分析器和控制器部分。

过程色谱仪由分析器、控制器、样品处理及流路切换单元(简称采样单元)三个部分组成,一般来说,三者组装在一体化机箱内。在某些欧美国家及一些国际标准中,要求在火灾爆炸危险场所使用的过程色谱仪,其采样单元必须安装在分析小屋外,只允许分析器和控制器安装在分析小屋内,此时,分析器和控制器组装在一起,采样单元装在另一个箱体内。但无论如何,分析器、控制器和采样单元是过程色谱仪的三个有机组成部分,分析器、采样单元均在控制器的控制下按动作程序协调工作,当出现"样品流量低"等情况时,采样单元发出报警信号,控制器指挥分析器和其信息处理部分采取相应措施加以应对。

9.1.3 过程气相色谱仪的主要性能指标

1)测量对象

过程气相色谱仪的测量对象是气体和可气化的液体,一般以沸点来说明可测物质的限度,可测物质的沸点越高说明可分析的物质越广。目前能达到的指标见表 9.1。

表 9.1 过程气相色谱仪的测量对象

炉体类型	最高炉温,℃	可测物质最高沸点,℃
热丝加热铸铝炉	130	150
空气浴加热炉	225	270
程序升温炉	320	450

高沸点物质的分析以往在实验室色谱仪上完成,现在这些物质的分析也可在过程色谱仪上完成,但分析周期较长。通常的在线分析还是局限于低沸点物质。

过程气相色谱仪的测量对象还与使用的检测器类型有关。目前使用的检测器主要有以下三种:

(1)热导检测器(TCD)——测量范围广,几乎可以测量所有非腐蚀性组分,从无机物到有机物;

(2)氢火焰离子化检测器(FID)——主要用于对碳氢化合物进行高灵敏度分析,也可测量少数可以甲烷化的无机物,如 CO、CO_2等;

(3)火焰光度检测器(FPD)——仅用于测量含有硫和磷的化合物。

2)测量范围

这些重要的性能指标,能充分体现仪器的性能,测量范围主要体现在分析下限,即 10^{-6} 及 10^{-9} 级的含量可否分析。目前能达到的指标为:

TCD 检测器分析下限一般为 10×10^{-6};

FID 检测器分析下限一般为 1×10^{-6};

FPD 检测器分析下限一般为 0.05×10^{-6}(50×10^{-9})。

3)重复性

重复性也是过程色谱仪的一项重要指标。对于色谱仪而言,讲重复性,而无精度指标,这主要有三个原因:

其一,在线色谱仪普遍采用外标法,其测量精度依赖于标准气的精度,色谱仪仅仅是复现标准气的精度。

其二,色谱仪用于多组分分析,而样品中各组分的含量差异较大(有的常量、有的微量),各组分的量程范围和相对误差也不相同,很难用一个统一的精度指标来表述不同组分的测量误差。

其三,重复性更能反映仪器本身的性能,它体现了色谱仪测量的稳定性和克服随机干扰的能力。目前,多数在线分析仪器说明书中已无测量精度这一指标。

4)分析流路数

分析流路数是指色谱仪具备分析多少个采样点(流路)样品的能力。目前,色谱仪分析流路最多为 31 个(包括标定流路),实际使用一般为 1 ~ 3 个流路,少数情况为 4 个流路。应注意以下几点:

(1)对同一台色谱仪,各流路样品组成应大致相同,因为它们采用同一套色谱柱进行分离。

(2)分析某一流路的间隔时间是对所有流路分析一遍所经历的时间,所以多流路分析是以加长分析周期时间为代价的。当然也可根据需要对某个流路分析的频率高些,对其他流路频率低些。总之,多流路的分析会使分析频率降低,以致不能保证 DCS 对分析时间的要求。

(3)一般推荐一台色谱仪分析一个流路。当然对双通道的色谱仪(有两套柱系统和检测器)来说,其本身具有两台色谱仪的功效,可按两台色谱仪考虑。

5)分析组分数

分析组分数是指单一采样点(流路)中最多可分析的组分数,或者说软件可处理的色谱峰数,这也不是一个很重要的指标。通常的分析不会需要太多的组分,而只对工艺生产有指导意义的组分进行分析,分析组分太多会使柱系统复杂化,分析周期加长。目前,色谱仪测量组分数最多为:恒温炉 50 ~60 个,程序升温炉 255 个,实际使用一般不超过 6 个组分。

6)分析周期

分析周期是指分析一个流路所需要的时间,从控制的角度讲,分析周期越短越好。色谱仪的分析周期一般为:

填充柱:无机物 3 ~6min,有机物 6 ~12min;

毛细管柱:1min 左右。

9.1.4 过程气相色谱仪的应用场所

(1)石油化工:乙烯裂解分离、聚丙烯、聚乙烯、氯乙烯、苯乙烯、丁二烯、醋酸乙烯、乙二醇装置,醇、醛、醚装置,芳烃抽提分离装置等。其中,乙烯裂解分离装置使用数量最多,根据生产规模不同,在 16 ~35 台之间,其他装置多在 2 ~6 台之间。

(2)炼油:催化裂化、气体分离、催化重整、烷基化、MTBE 等,程序升温型色谱仪可用于石脑油、汽油组成分析及模拟蒸馏分析。其中,催化裂化和气体分离联合装置使用数量最多,根据生产规模不同,在 12 ~16 台之间,其他装置在 1 ~3 台之间。

(3)化工:合成氨、甲醇、甲醛、氯化物、氟化物、苯酚、有机硅等。

(4)天然气:天然气、液态烃组成分析(用于天然气处理厂),天然气热值和密度分析(用于天然气计量和贸易结算)。

(5)其他行业:如钢铁(高炉、焦化炉)、合成制药、农药、高纯气体生产等的气体在线分析。

9.2 恒温炉和程序升温炉

9.2.1 恒温炉

恒温炉又称恒温箱、色谱柱箱。恒温炉的温控精度是过程色谱仪的重要指标之一。因为保留时间、峰高等都与色谱柱的温度有关,保留时间、峰高随柱温变化的系数分别为2.5%/℃、3% ~4%/℃,故柱温的变化直接影响到色谱分析的定性与定量。

早期的恒温炉采用铸铝炉体,内部埋有数根电热丝加热,这种恒温炉称为电加热炉或铸铝炉。20 世纪 90 年代中期以后,国外产品开始改用空气浴炉,它采用不锈钢炉体,热空气加热,也称热风炉。空气浴炉与铸铝炉相比,有如下优点:

(1)加热温度提高,可分析的样品范围扩大。

铸铝炉的温度设定范围为 50 ~120℃,由于受防爆温度组别 T_4(≤135℃)的限制,其最高炉温只能设定为120℃,分析对象限于沸点≤150℃的样品。

空气浴炉的温度设定范围一般为50～225℃,分析对象扩展至沸点≤270℃的样品。由于循环流动的热空气兼有吹扫(将可能泄漏的危险气体稀释)和正压防爆(防止外部危险气体进入)两种作用,因而其最高炉温不受防爆温度组别的限制。

(2)温控方式改变,温控精度提高。

铸铝炉的温控方式一般为位式控制或时间比例控制,温控精度一般为±0.1℃。受加热元件和传热方式的限制,难以采用PID方式控温,温控精度也难以提高。

空气浴炉采用数字PID方式控温,温控精度一般可达±0.03℃,有的产品达到±0.02℃。

(3)内部容积扩大。

铸铝炉的内部容积以前一般小于12L,但受温度梯度分布、温度场的均衡性等因素制约,其容积难以再扩大。空气浴炉的内部容积一般为40L甚至更大,其传热介质和传热方式易于达到大容积炉体内的温度均衡。

内部容积的大小涉及炉体内可安装色谱柱、阀件等的多少。12L铸铝炉仅能装一套色谱柱系统,23 L铸铝炉可装两套柱系统,空气浴炉内部至少可装两套柱系统。两套色谱柱系统可以分别分析两个流路的样品,相当于两台色谱仪的功能;也可以并行分析一个流路的样品,大大提高分析速度。

内部容积大的另一个优点是维修空间也大,便于更换色谱柱、阀件等操作。

(4)热惯性小,升温速度快,温控迅速。

空气浴炉的传热方式决定了其升温速度快,开机升温到炉温稳定的时间仅需30min到1h,而铸铝炉则需2～4h。同样,温控速率前者也比后者快许多。

9.2.2 程序升温炉

恒温炉仅适用于沸点不高、沸程较窄的样品分析。当样品沸程较宽时,如选用低柱温,低沸点组分出峰较快,峰形较好,但高沸点组分出峰慢,甚至出平顶峰,有时无法定量。此外,重组分在低温下不能从色谱柱中流出,使基线劣化,形成一些无法解释的“假峰”现象。如选用高柱温,高沸点组分能获得较好的峰形,流出较快,但此时低沸点样品出峰太快,甚至无法分离。因此,恒温炉不适用于这种沸程较宽,特别是含有一些高沸点组分的样品分析。

采用程序升温炉可以使柱温按预定的程序逐渐上升,让样品中的每个组分都能在最佳温度下流出色谱柱,使宽沸程样品中所有组分都获得良好的峰形,并可缩短分析周期。

铸铝炉无法实现程序升温(升温时间太长,不适用于在线分析),而空气浴炉则可较为方便地实现程序升温,其升温采用电热丝加热的热风,降温采用涡旋管产生的冷风。

程序升温型的气相色谱仪在技术上涉及以下几个方面:

(1)进样阀、色谱柱、检测器的温度控制要分开进行,分析过程中仅对色谱柱进行程序升温,进样阀和检测器的温度不能变,以防止基线漂移和检测器响应变化。所以要设置程序升温和恒温两个炉体,色谱柱装在程序升温炉内,进样阀和检测器装在恒温炉内,如果进样阀和检测器的恒温温度不同,则还需分开安装并分别加以控温。

(2)程序升温炉的升温速率可调、线性、多段,程序升温的重现性是色谱定性和定量分析的基础。

(3)程序升温炉的热容量要小,以便迅速加热和冷却色谱柱。尽量采用薄壁短柱(如毛细管柱),以便提高换热速率。炉内采用高速风扇强制循环升温和恒温,降温则采用涡旋制冷管。一个分析周期结束后,炉温尽快冷至初始给定温度,以便下次分析。

(4)为克服高温下因固定液流失产生的基线漂移和噪声,往往采用双柱补偿。

(5)必须设置性能良好的稳流阀。在程序升温过程中,温度的变化引起色谱柱阻力发生变化,导致流速变化,造成基线不稳,使检测器响应发生变化。在双色谱柱系统中应使用性能对称的稳流阀,使升温过程中流速同步变化,基线不发生漂移。目前多采用电子压力控制器EPC加以控制,EPC是一种高精度的数字控制阀系统,可以达到很高的稳压稳流效果,并自动可调。

9.3 色谱柱和色谱柱系统

9.3.1 色谱柱的类型

过程气相色谱仪中使用的色谱柱主要有填充柱、微填充柱、毛细管柱三种类型。

填充柱是填充了固定相的色谱柱,内径一般为1.5 ~4.5mm,以2.5mm左右居多。微填充柱是填充了微粒固定相的色谱柱,内径一般为0.5 ~1mm。二者也可不加区分,统称为填充柱。填充柱的柱管采用不锈钢管,见图9-3。

毛细管柱是指内径一般为0.1 ~0.5mm的色谱柱。毛细管柱的柱管多采用石英玻璃管。毛细管柱有开管型、填充型之分。开管型毛细管柱又称空心柱,是指内壁上有固定相的开口毛细管柱,柱内径为0.1 ~0.3mm。填充型毛细管柱是指将载体或吸附剂疏松地装入石英玻璃管中,然后拉制成内径为0.25 ~0.5mm的色谱柱。

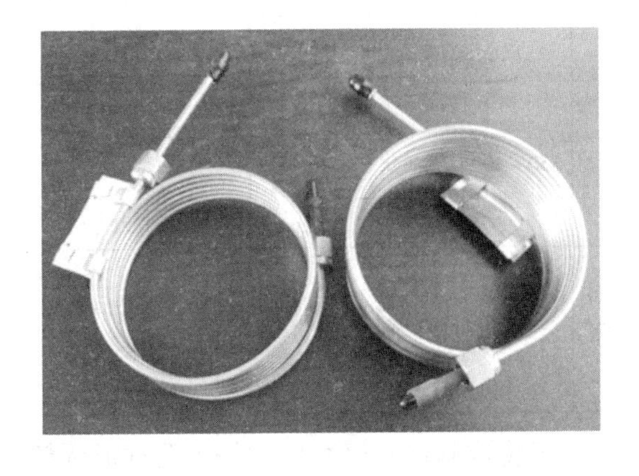

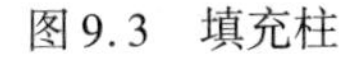

图9.3 填充柱

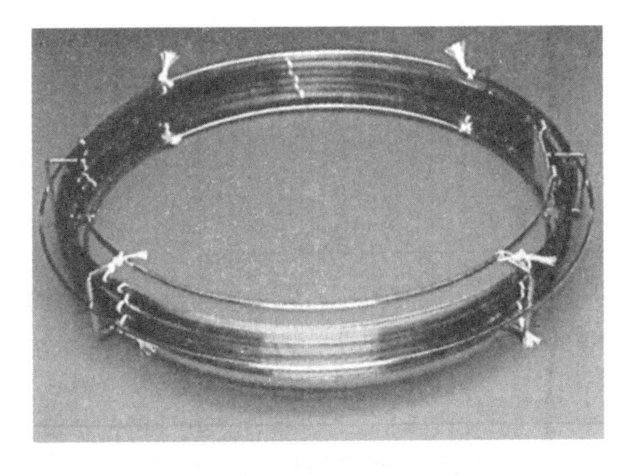

图9.4 毛细管柱

毛细管柱可以是分配柱,也可以是吸附柱,分离机理与填充柱相同。其优点是:能在较低的柱温下分离沸点较高的样品;分离速度快、柱效高、进样量少、具有较好的分离度;载气消耗量小;在高温下使用稳定。其缺点是:柱材料要求高;耐用性与持久性差;不易维护;样品进样量不能太多,要求系统的死体积尽量小。

目前,过程色谱仪中大量使用的是填充柱,仅在分离高沸点重组分时使用毛细管柱。

9.3.2 气固色谱柱

气固色谱柱又称为吸附柱，是用固体吸附剂作固定相的色谱柱，它利用吸附剂对样品中各组分吸附能力的差异对其进行分离。

1）气固色谱柱的特点和适用范围

气固色谱柱有以下特点：表面积比气液柱固定相大，热稳定性较好，不存在固定液流失问题；价格低，许多吸附剂失效后可再生使用，柱寿命比气液柱长；高温下非线性较严重，在较高温度下使用会出现催化活性，若将吸附剂表面加以处理，能得到部分克服。

气固色谱柱主要用于永久性气体和低沸点化合物的分离，特别适合于上述组分的高灵敏度痕量分析，但不适合用于高沸点化合物的分离。

2）气固色谱柱常用的吸附剂

气固色谱柱常用的吸附剂有活性炭、硅胶、活性氧化铝、分子筛、高分子多孔小球等，它们的性能见表9.2。

表9.2 气固色谱柱常用吸附剂及其性能

吸附剂	化学成分	最高使用温度,℃	性质	活化方法	应用范围
活性炭	C	<300	非极性		永久性气体及轻烃
硅胶	$SiO_2 \cdot xH_2O$	<400	氢键型	用1:1盐酸浸泡2h，水洗至无氯离子，180℃烘干，200～300℃活化	永久性气体及轻烃
活性氧化铝	Al_2O_3	<400	弱极性	用碳酸氢钠浸泡，105℃下烘干，450℃下灼烧2～3h，处理后的氧化铝再涂2%～3%的“阿皮松”（apiezon）	烃及异构体
分子筛	$x(MO) \cdot y(Al_2O_3) \cdot z(SiO_2) \cdot n(H_2O)$	<400	极性	350～400℃下活化3～4h	永久性气体及惰性气体
高分子多孔小球（GDX Porapak等）	多孔共聚物	一般250～290℃，随产品而异	聚合时原料不同，极性不同	一般在230℃下通氮气活化8h	C_{10}以下各种有机物及无机气体

高分子多孔小球是用苯乙烯和二乙烯基苯的共聚物或其他共聚物做成的多孔球形颗粒物，是一种性能优良的吸附剂，能够直接作为气相色谱固定相。它有下列特点：具备特殊的均匀的表面孔径结构，有很大的表面积和一定的机械强度；无论分析极性或非极性物质，峰的拖尾现象都很少，有利于分析强极性物质；与羟基化合物的亲和力极小，特别适于分析样品中的水分；具有耐腐蚀和耐辐射的特性。

3）分子筛柱的使用注意事项

（1）分子筛柱在使用中需有严格的载气干燥系统，一般要求载气干燥后露点低于-60℃，

即其水分含量低于 10×10^{-6}。

(2)仪器停运后,需用极低流速保持分子筛柱微正压,或堵死柱出口,防止大气中 CO_2 和 H_2O 扩散进入柱中。

(3)在待分析样品注入口设干燥器,防止样品中水分带入柱子。

(4)采用正确的活化再生方法延长分子筛柱使用寿命,常用的方法有在高温下灼烧、真空活化和通惰性气体活化,后者效果最好。

9.3.3 气液色谱柱

气液色谱柱又称为分配柱,是将固定液涂敷在载体上作为固定相的色谱柱。其固定相是把具有高沸点的有机化合物(固定液),涂敷在具有多孔结构的固体颗粒(载体)表面上构成的。它利用混合物中各组分在载气和固定液中具有不同的溶解度,造成在色谱柱内滞留时间上存在差别,从而使其得到分离。

常用的气液柱按固定液的化学结构和官能团分类如下:烃类,如角鲨烷;醇类及其聚合物,如聚乙二醇;酯类及聚酯,如二丁酯、DC200;硅酮类,如 OV-101;腈类,如癸二腈;胺类化合物;酰胺和聚酰胺;含卤素化合物及其聚合物。

1)载体

载体(support)又称为担体,是一种化学惰性的物质,大部分为多孔性的固体颗粒。它使固定液和流动相间有尽可能大的接触面积。色谱分析中用的载体种类很多,总的可分为硅藻土型(由海藻的单细胞骨架构成)和非硅藻土型(如玻璃微球、氟载体等)两类。目前应用比较普遍的是硅藻土型载体。

硅藻土型载体分为红色和白色两种,其性能比较见表9.3。

表9.3　红色和白色硅藻土型载体的性能比较

类型	制造特点	表面酸度	孔径	分离特征	备注
红色载体	由天然硅藻土与适当黏合剂烧制而成	略呈酸性 $pH<7$	较小	为通用载体,柱效较高,液相负荷量大,但在分离极性化合物时往往有拖尾现象	浅红色、粉红色载体均属此类
白色载体	由天然硅藻土与助熔剂(如 Na_2CO_3 等)烧制而成	略呈碱性 $pH>7$	较小	为通用载体,柱效及液相负荷量均为红色载体一半稍强,但在分离极性化合物时拖尾效应较小	灰色载体也属于此类,仅所用助熔剂酸碱性不同

2)固定液

固定液是固定相的组成部分,指涂渍在载体表面上起分离作用的物质,在操作温度下是不易挥发的液体。气液色谱仪中使用的固定液已达1000多种,通常可以按其极性分成以下四类:

非极性固定液:不含极性、可极性化的基团,如角鲨烷。

弱极性固定液:含有较大烷基或少量极性、可极性化的基团,如邻苯二甲酸二壬酯。

极性固定液:含有小烷基或可极性化的基团,如氧二丙腈。

氢键型固定液:极性固定液之一,含有与电负性原子(O_2、N_2)相结合的氢原子,如聚乙二醇等。

常用固定液的分类及性能见表9.4。

表9.4 常用固定液的分类及性能

固定液		最高使用温度,℃	常用溶剂	分析对象
非极性	十八烷	室温	乙醚	低沸点碳氢化合物
	角鲨烷	140	乙醚	C_8 以前碳氢化合物
	阿皮松	300	苯、氯仿	各类高沸点有机化合物
	硅橡胶	300	丁醇+氯仿(1:1)	各类高沸点有机化合物
弱极性	癸二酸二辛酯	120	甲醇、乙醚	烃、醇、醛酮、酸酯各类有机物
	邻苯二甲酸二壬酯	130	甲醇、乙醚	烃、醇、醛酮、酸酯各类有机物
	磷酸三苯酯	130	苯、氯仿、乙醚	芳烃、酚类异构物、卤化物
	丁二酸二乙二醇酯	200	丙酮、氯仿	
极性	苯乙腈	常温	甲醇	卤代烃、芳烃和 $AgNO_3$ 一起分离烷烯烃
	二甲基甲酰胺	0	氯仿	低沸点碳氢化合物
	有机皂土-34	200	甲苯	芳烃,特别对二甲苯异构体有高选择性
	β,β′-氧二丙腈	<100	甲醇、丙酮	分离低级烃、芳烃、含氧有机物
氢键型	甘油	70	甲醇、乙醇	醇和芳烃,对水有强滞留作用
	季戊四醇	150	氯仿+丁醇(1:1)	醇、酯、芳烃
	聚乙二醇400	100	乙醇、氯仿	极性化合物:醇、酯、醛、腈、芳烃
	聚乙二醇20M	250	乙醇、氯仿	极性化合物:醇、酯、醛、腈、芳烃

选择固定液应根据不同的分析对象和分析要求进行。样品组分与固定相之间的相互作用力,是样品各组分得以分离的根本要素,固定液的选择主要取决于这一点。一般可以按照"相似相溶"的规律来选择,即按待分离组分的极性或化学结构与固定液相似的原则来选择,其一般规律如下:

(1)非极性样品选非极性固定液,分子间作用力是色散力,组分按沸点从低到高流出。

(2)极性样品选极性固定液,分子间的作用力是静电力,组分按极性从小到大流出。

(3)极性与非极性混合样品,选非极性固定液,极性组分先流出,非极性组分后流出。也可选极性固定液,非极性组分先流出,极性组分后流出。

(4)氢键型样品选氢键型固定液或极性固定液,组分按氢键力从小到大或极性从小到大流出。

(5)复杂样品选混合固定液或组成多柱系统将各组分分别分离开来。

9.3.4 色谱柱系统和柱切技术

过程色谱仪中使用的色谱柱是由几根短柱组合成的色谱柱系统,通过柱切换阀的动作,采用反吹、前吹、中间切割等柱切技术,提高分离速度,缩短分析时间,以适应在线分析的要求。

对色谱柱系统的要求是:(1)能对样品中所有组分进行分离,每个周期内所有组分都能从柱系统中流出;(2)要求其适应的范围较宽,在生产装置不正常时也应能连续提供可靠的数据;(3)柱系统必须能够防止不可逆或具有过强吸附能力的组分进入;(4)柱系统的稳定性、抗毒性好,寿命至少半年以上;(5)柱系统尽可能简单,便于调整维护。

色谱柱系统柱切技术的主要作用有以下几个方面:

(1)缩短分析时间,使不要的组分(它们具有较长的保留时间,可能影响下一次分析)不经过分离柱(主分柱)。如轻烃混合气内存在重组分,完全分离要耗费很长时间。为此,当需要分析的组分从预切柱出来以后就让重组分离开系统,只让需要分析的组分进入主分柱中分离,然后在检测器内测定,这样就缩短了分析时间。

(2)保护主分柱和检测器,除去样品中对主分柱和检测器造成危害的有害组分。如水或一些有机组分,由于它们的吸附特性强,会逐渐积累而使柱子活性降低甚至失效。这时,可以用气液柱作预切柱,将有害组分在主分柱前面排除出系统。

(3)改善组分分离效果,吹掉不测定的而又会因为扩展影响小峰的主峰。如测定精丙烯所含的杂质时,由于精丙烯与微量杂质的含量相差悬殊,并在色谱图上出现重叠,分离比较困难。这时,将精丙烯的大部分在进入主分柱之前将其吹除,使剩下的精丙烯组分和杂质组分的含量之间的差别缩小,再用主分柱实现分离。

(4)改变组分流径,选用不同长度和不同填充剂的柱子,进行有效的分离。如某些样品内有机组分和无机组分都有,它们的选择性比较强,需要用不同长度和填充物的柱子分离,柱子之间又不能串接,以免影响分离效果和柱寿命。再如炼铁高炉气分析中,H_2、N_2、CH_4和 CO 可以用分子筛柱分离,而 CO_2必须用硅胶柱分离。这就需要在柱系统设计时采取措施,改变各组分的流径,使它们分开流动,进入各自对应的色谱柱中。

下面给出过程色谱仪中常见的几种柱切连接方法的例子。

1)反吹连接法示例

图 9.5 是反吹连接法示例图,当 V_2阀虚线连通时为反吹状态,目的是将被测组分以后流出的所有有害组分、重组分、不需要的组分用载气吹出。图中的预分柱又称作反吹柱,通常是分配型色谱柱(气液柱),主分柱通常是吸附型色谱柱(气固柱)。

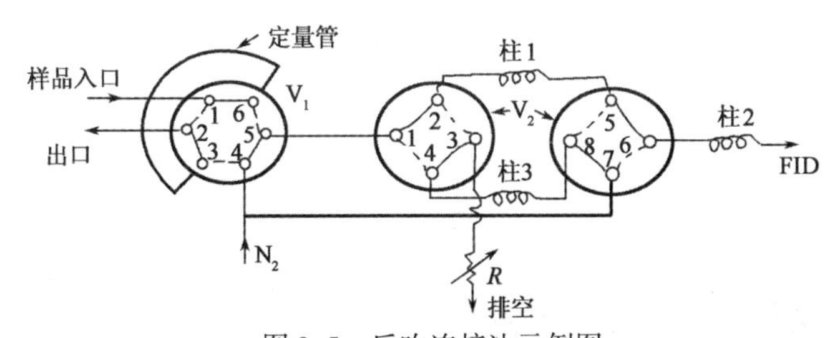

图 9.5　反吹连接法示例图

柱 1—预分柱;柱 2—主分柱;柱 3—平衡柱;R—气阻;V_1—六通进样阀;V_2—双四通反吹阀

在图 9.5 中,样品经六通进样阀 V_1进样后,由载气携带进入双四通反吹阀 V_2,沿实线方向流动,样品流通路径如下:样品→1→2→柱 1→5→6→柱 2→FID 检测器,此时为预分离状态。样品在柱 1 中分离时,轻组分在前,重组分在后,当全部轻组分和一小部分重组分流出柱 1,而大部分重组分仍在柱 1 中时,V_2阀动作,进入反吹状态,反吹沿虚线方向流动,流通路径为载气 N_2→1→4→柱 3→8→5→柱 1→2→3→排空,将样品中大部分重组分反吹出去。

2)前吹连接法示例

前吹连接法示例如图 9.6 所示。在图 9.6(a)中,样品经六通进样阀 V_1进样后,由载气携带进入双四通前吹阀 V_2 沿实线方向流动,样品流通路径如下:样品→1→2→柱 1→5→6→柱 2→FID 检测器,此时为预分离状态。样品进入预分柱 1 后,轻组分在前,重组分在后,当轻组分完全流出柱 1,而重组分仍在柱 1 中时,V_2 阀动作,进入前吹状态,样品中重组分被前吹出去,前吹流通路径为载气 N_2→3→2→柱 1→5→8→排空。

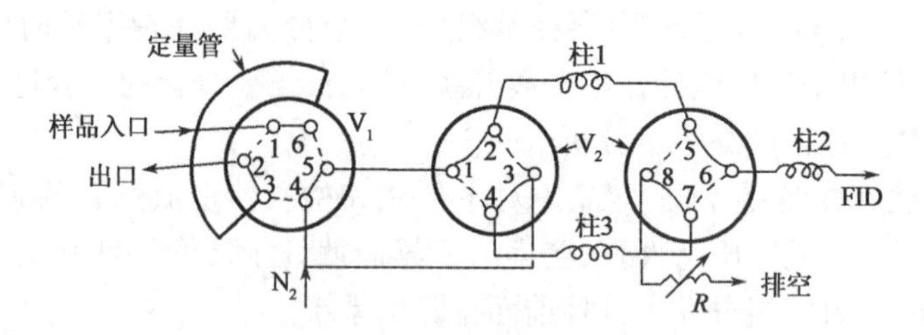

(a) 前吹连接法一(V_2 阀走虚线时前吹重组分)

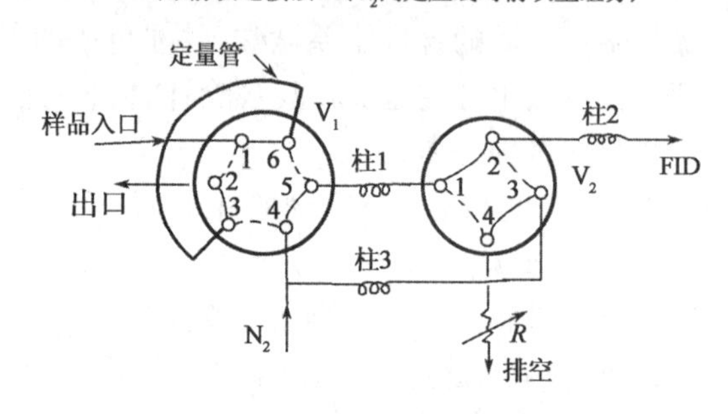

(b) 前吹连接法二(V_2 阀走虚线时前吹轻组分)

图 9.6　前吹连接法示例图

V_1—六通进样阀;V_2—双(单)四通前吹阀;柱 1—预分柱;柱 2—主分柱;柱 3—平衡柱;R—气阻

在图 9.6 (b)中,样品经六通进样阀 V_1 进样后,由载气携带进入柱 1 分离,此时轻组分在前,重组分在后,然后进入单四通前吹阀 V_2 沿虚线方向流动,将样品中的轻组分前吹出去,前吹流通路径为样品→柱 1→1→4→排空。当轻组分完全被吹出柱 1,而重组分仍在柱 1 中时,V_2 阀动作,进入分析重组分状态,样品流通路径为重组分和载气 N_2→柱 1→1→2→FID 检测器。

9.4　检测器

9.4.1　检测器的类型和主要性能指标

1)检测器的类型

过程气相色谱仪使用的检测器有以下几种类型:热导检测器(TCD)、氢火焰离子化检测器(FID)、火焰光度检测器(FPD)、电子捕获检测器(ECD)、光离子化检测器(PID)等。从使用数量上看,TCD 占 65% ~70%,FID 占 25% ~30%,FPD 占 4% ~5%,其他检测器不足 1%。

(1)热导检测器(TCD):测量范围较广,几乎可以测量所有非腐蚀性成分,从无机物到碳氢化合物。它利用被测气体与载气间热导率的差别,使测量电桥产生不平衡电压,从而测出组分浓度。TCD 无论过去还是现在都是色谱仪的主要检测器,它简单、可靠、比较便宜,并且具有普遍的响应。随着微填充柱及毛细管柱的应用,对 TCD 提出了更高的要求。微型 TCD 的研制也取得了长足进步,检测器的池体积从原来的几百微升降至几微升,极大地减小了死体积,提高了热导检测器的灵敏度,并减小了色谱峰的拖尾,改善了色谱峰的峰形,使其可与毛细管柱直接连用。其最低检测限一般为 10×10^{-6},横河 HTCD 高性能热导检测器可达 1×10^{-6}数量级。

(2)氢火焰离子化检测器(FID):适用于对碳氢化合物进行高灵敏度(微量)分析。其工作原理是碳氢化合物在高温氢气火焰中燃烧时,发生化学电离,反应产生的正离子在电场作用下被收集到负极上,形成微弱的电离电流,此电离电流与被测组分的浓度成正比。其最低检测限一般为 1×10^{-6},有些产品可达 100×10^{-9}甚至 10×10^{-9}数量级。

(3)火焰光度检测器(FPD):对含有硫和磷的化合物灵敏度高,选择性好,比 FID 高 3 ~ 4 个数量级。其原理是,在 H_2 火焰燃烧时,含硫物发出特征光谱,波长为 394nm,含磷物为 526nm,经干涉滤光片滤波,用光电倍增管测定此光强,可得知硫和磷的含量。其测量范围一般在 1×10^{-6} ~0.1%之间。

(4)电子捕获检测器(ECD):载气(N_2)分子在^3H 或^{63}Ni 等辐射源所产生的 β 粒子的作用下离子化,在电场中形成稳定的基流,当含电负性基团的组分(如 CCl_4)通过时,俘获电子使基流减小而产生电信号。广泛用于含氯、氟、硝基化合物等的检测中。

(5)光离子化检测器(PID):利用高能量的紫外线照射被测物,使电离电位低于紫外线能量的组分离子化,在外电场作用下形成离子流,检测离子流可得知该组分的含量。对许多有机物,PID 灵敏度比 FID 还高 10 ~ 50 倍。PID 多用于芳香族化合物的分析,如多环芳烃,它对 H_2S、PH_3、NH_3、N_2H_4等也有很高的灵敏度。

2)检测器的主要性能指标

过程气相色谱仪检测器的性能指标主要有灵敏度、检测限、响应时间、线性范围等。

(1)灵敏度。

检测器的灵敏度是指一定量的组分通过检测器时所产生的电信号(电压、电流)的大小。通常把这种电信号称为响应值(或应答值),以 S 表示。灵敏度可由色谱图的峰高或峰面积来计算。

对于浓度型检测器(如 TCD),如果进样是液体,则灵敏度的单位是 mV · mL/mg,也可写成 mV/(mg/mL),即每毫升载气中含有 1mg 的样品时,在检测器上所能产生的响应信号毫伏值。同样,若进样是气体,灵敏度的单位是 mV · mL/mL,也可写成 mV/(mL/mL)。

对于质量型检测器(如 FID),其响应只取决于单位时间内进入检测器某组分的质量,质量型和浓度型检测器之所以有这样的区别,是由于前者对载气没有响应,而后者对载气有响应的缘故。质量型检测器灵敏度的单位是 mV · s/g,也可写成 mV/(g/s),即每秒内有 1g 样品通过检测器时所产生的响应信号毫伏值。

(2)检测限。

检测限又称敏感度,是指检测器恰能产生和噪声相鉴别的信号时,在单位体积载气或单位时间内进入检测器的组分的量。通常认为恰能鉴别的响应信号至少应等于检测器噪声的 3 倍(过去采用噪声的 2 倍,国际纯粹与应用化学联合会 IUPAC 推荐采用 3 倍)。

(3)响应时间 T_{90}。

响应时间是指从进样开始,至到达记录仪最终指示的 90% 处所需要的时间。检测器的体积越小,特别是死体积越小,其响应时间越短。氢火焰离子化检测器的死体积接近于零,故其响应时间能满足快速分析要求。

(4)线性范围。

线性范围指响应信号与待测组分浓度或质量成直线关系的范围。通常以检测器呈线性响应时最大进样量与最小进样量之比来表示线性范围。该比值越大,线性范围越宽,在定量分析中可测定的浓度或质量范围就越大。热导检测器线性范围为10^5,氢焰检测器为10^7。

总之,对检测器的要求是灵敏度高、稳定性好、响应速度快、死体积小、线性范围宽、应用范围广以及结构简单、经济耐用、使用方便。

9.4.2　热导检测器(TCD)

过程色谱仪和热导分析器使用的热导检测器(TCD,thermal conductivity detector)基本相同,此处仅就与过程色谱仪有关的问题进行简略介绍。

图9.7是热导检测器的工作原理示意图。TCD检测器一般采用串并联双气路,四个热敏元件两两分别装在测量气路和参比气路中,测量气路通载气和样品组分,参比气路通纯载气。每一气路中的两个元件分别为电路中电桥的两个对边,组分通过测量气路时,同时影响电桥两臂,故灵敏度可增加一倍。

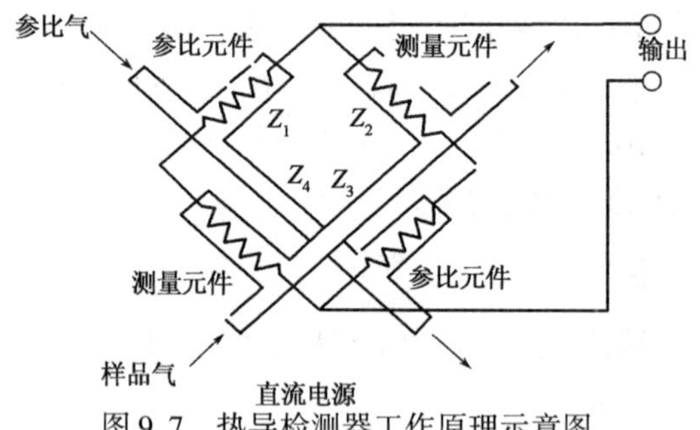

图9.7　热导检测器工作原理示意图

工作时热敏元件上通有稳定的电流,载气在元件周围稳定流过,元件产生的热量大部分通过载气热传导传给了池体,很少一部分通过对流、辐射、支架热传导损失了。在周围条件稳定时,能建立起热平衡,平衡时热敏元件本身的温度稳定,其电阻值也稳定。当含有样气组分的载气流过元件周围时,由于其导热率与纯载气有差异,破坏了原来的平衡,热敏元件温度和阻值发生相应变化,测出这一阻值变化也就测出被测组分在载气中的浓度。

常用的热敏元件有热丝型和热敏电阻型两种。

热丝型元件有铂丝、钨丝或铼钨丝等,形状有直线形或螺旋形两种。铂丝有较好的稳定性、零点漂移小,但灵敏度比钨丝低,且有催化作用。钨丝与铂丝相比,价格便宜,无催化作用,但高温时易氧化,使电桥电流受到一定限制,影响灵敏度的提高。铼钨丝(含铼3%)的机械强度和抗氧化性比钨丝好,在相同电桥电流下有较高灵敏度,用铼钨丝能提高基线稳定性。

半导体热敏电阻型检测器阻值大,室温下可达10~100kΩ,温度系数比钨丝大10~15倍,可制成死体积小、响应速度快的检测器。其优点是灵敏度高,寿命长,不会因载气中断而烧断;其缺点是不宜在高温下使用,温度升高,灵敏度迅速下降。半导体热敏电阻对还原性组分十分敏感,使用时须注意。

9.4.3　氢火焰离子化检测器(FID)

氢火焰离子化检测器(FID,flame ionization detector),简称氢焰检测器。它对含碳有机化合物有很高的灵敏度,一般比热导池检测器的灵敏度高几个数量级,能检测至10^{-12}g/s的痕量物质,故适宜于痕量有机物的分析。因其结构简单、灵敏度高、响应快、稳定性好、死体积小、线性范围宽(可达 10^{-6}以上),因此它也是一种较理想的检测器。

氢火焰离子化检测器的主要部分是一个离子室,外壳一般由不锈钢制作,内部装有喷嘴、极化极(负极)、收集极(正极)和点火极,如图 9.8 所示。在极化极与收集极之间加有 100 ~ 300V 直流电压(称为极化电压)形成电场。被测组分被载气携带,从色谱柱流出,与氢气混合一起进入离子室,由喷嘴喷出。氢气在空气的助燃下经引燃后进行燃烧,以燃烧所产生的高温(约 2100℃)火焰为能源,使被测有机物组分电离成正负离子。产生的离子在收集极和极化极的外电场作用下定向运动而形成电流。电离的程度与被测组分的性质有关,一般碳氢化合物在氢火焰中电离效率很低,大约每 50 万个碳原子中有一个碳原子被电离,因此产生的电流很微弱,其大小与进入离子室的被测组分含量有关,含量越大,产生的微电流就越大,这二者之间存在定量关系。

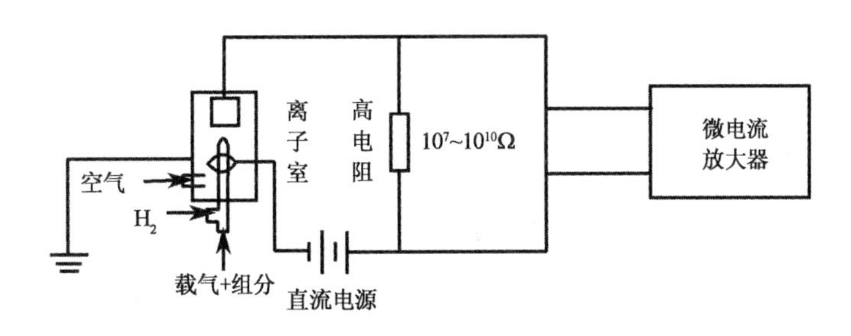

图 9.8　氢火焰离子化检测器和微电流放大器

为了使离子室在高温下不被样品腐蚀,金属零件都用不锈钢制成,电极都用纯铂丝绕成,极化极兼作点火极,将氢焰点燃。为了把微弱的离子流完全收集下来,要控制收集极和喷嘴之间的距离。通常把收集极置于喷嘴上方,与喷嘴之间的距离不超过 10mm。也有把两个电极装在喷嘴两旁,两极间距离 6 ~ 8mm。

氢焰检测器的输出是一个 10^{-14} ~ 10^{-9}A 的高内阻微电流信号,必须采用微电流放大器加以放大。微电流信号在其中经过一个高电阻形成电压并进行阻抗转换。经处理后的信号送到放大和数据处理采集电路进行相应的处理,并计算出对应组分含量值。微电流信号的传送需采用高屏蔽同轴电缆。

9.4.4　火焰光度检测器(FPD)

火焰光度检测器(FPD, flame photometric detector)是一种选择性很强的检测器,它只对硫或磷有响应,含硫、磷的化合物在富氢—空气火焰中燃烧时,可发出特征光谱,光强度与样品中硫、磷化合物的浓度成正比。这种特征光谱经滤光片(S 为 394nm 紫色光,P 为 526nm 黄色光)滤波后由光电倍增管接收,再经微电流放大器放大,信号处理后得到样品中硫、磷化合物的含量。通常低含硫量的样品气均可用火焰光度检测器检测,如 SO_2、H_2S、COS、CS_2、硫醇、硫醚等。

图 9.9 是火焰光度检测器的结构示意图。火焰光度检测器由气路部分、发光部分和光电检测部分组成。

气路部分与 FID 相同。发光部分由燃烧室、火焰喷嘴、遮光罩、石英管组成,喷嘴由不锈钢制成,内径比 FID 大,为 1.0 ~ 1.2 mm,双火焰的下火焰喷嘴内径为 0.5 ~ 0.8 mm,上火焰喷嘴

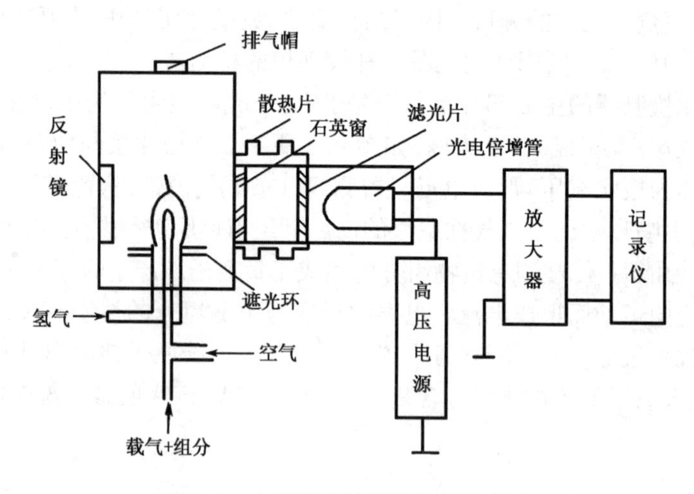

图 9.9　火焰光度检测器结构示意图

内径为 1.5 ~2.0mm。遮光罩高 2 ~4mm，目的是挡住火焰发光，降低本底噪声，遮光罩有固定式和可调式，也有不用遮光罩，采取降低喷嘴位置的办法。石英管的作用主要是保证发光区在容易接收的中心位置，提高光强度，并具有保护滤光片的隔热作用，防止有害物质对 FPD 内腔及滤光片的腐蚀和玷污。将石英管的一半镀上有反光作用的材料，可增强光信号。

光电检测部分由滤光片、光电倍增管组成。滤光片的作用是滤去非硫、磷发光的光信号。光电倍增管是探测微弱光信号的高灵敏光电器件，是唯一能由单一光电子产生毫安级输出电流而响应时间以毫微秒计的电子器件。用在 FPD 上的工作电压为 -800 ~ -700V。

10 工业质谱仪原理

10.1 质谱分析法和工业质谱仪的组成

质谱分析法是通过对被测样品离子质荷比的测定来分析其组成的一种方法。被分析的样品首先要离子化，然后利用不同离子在电场或磁场中运动行为的不同，把离子按质荷比（m/z）分开而得到质谱，通过样品的质谱和相关信息，可以得到样品的定性定量结果。

实验室质谱仪种类很多，从应用的角度，可以分为有机、无机、同位素、气体分析质谱仪几类。其中，数量最多、用途最广的是有机质谱仪，包括各种色谱—质谱联用仪。从所用质量分析器的不同，可分为扇形磁场、四极杆、飞行时间、离子阱、傅里叶变换质谱仪等。扇形磁场质谱仪又有单聚焦式、双聚焦式两种，实验室质谱仪大多采用双聚焦式。

工业质谱仪是工业生产流程中使用的在线质谱仪，它是一种小型的气体分析质谱仪，目前使用的质量分析器有单聚焦扇形磁场、四极杆、飞行时间三种。

工业质谱仪一般由检测系统、真空系统、电学系统和数据处理系统几个部分组成。图10.1为质谱仪检测系统的基本组成，由进样系统、离子源、质量分析器和离子检测器组成。样品由进样系统导入离子源，在离子源中被电离成正离子或负离子，离子束按质荷比大小由质量分析器分开，被检测系统接收并记录而获得质谱图。

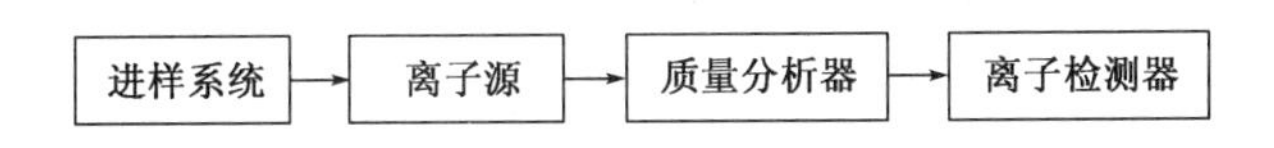

图10.1 质谱仪检测系统的基本组成

真空系统提供和维持质谱仪正常工作所需要的高真空，通常在10^{-3} ~ 10^{-9} Pa。电学系统为质谱仪的各个部件提供电源和控制电路，数据处理系统快速、高效地计算和处理质谱仪获得的大量数据，并承担仪器控制的任务。

10.2 电子轰击型离子源

离子源是质谱仪的主要组成部件之一，其作用是使被分析的物质电离成为离子，并将离子会聚成有一定能量和一定几何形状的离子束。由于被分析物质的多样性和分析要求的差异，物质电离的方法和原理也各不相同。在质谱分析中，常用的电离方法有电子轰击、离子轰击、原子轰击、真空放电、表面电离、场致电离、化学电离和光致电离等。各种电离方法是通过对应的各种离子源来实现的。

利用具有一定能量的电子束使气态样品分子或原子电离的离子源称为电子轰击型离子源。工业质谱仪的离子源都采用电子轰击型离子源。对离子源的要求除有高的灵敏度、高的离子流稳定性外，还要求离子源具备高的抗污染能力，所以大都采用封闭离子源，一方面减少真空本底对谱图的影响，另一方面也减少灯丝碳化效应的影响。为了延长使用时间都采用双灯丝结构，如果发现一根灯丝已到使用寿命，可切换到另一根灯丝而不必马上停机。

常见的电子轰击型离子源如图 10.2 所示，采用钨（或铼、钽）丝作为直热式阴极，在高真空条件下施加 V_c 电压，使阴极升温而发射电子；在电离室与阴极之间加电压 V_e 的作用下，电子得到加速，成为具有 $10^1 \sim 10^2$eV 能量的慢电子；电子通过电离室到达阳极的过程中，与存在于电离室中的被分析气体（或蒸气）样品中的原子（分子）碰撞，或撞出原子（分子）中的电子形成正离子，或被原子（分子）俘获而成为负离子；利用引出极、聚焦极、加速极与电离室之间形成的静电场（场的分布与强度取决于电极的几何形状及 V_d、V_f、V_a 等电压值），将离子引出电离室，并且聚焦成为具有 $10^2 \sim 10^4$eV 能量的矩形（或圆形，取决于出口缝的形状）截面的离子束。

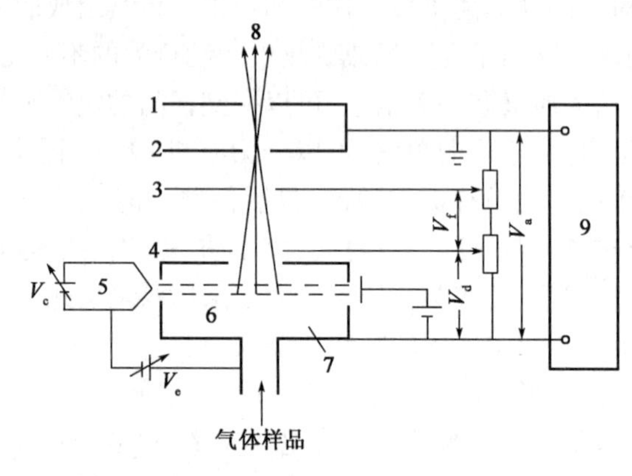

图 10.2 电子轰击型离子源简图

1—出口缝；2—加速极；3—聚焦极；4—引出极；5—阴极；6—电子束；7—电离室；8—离子束；9—直流稳压电源

在电子轰击源中，被测物质的分子（或原子）或是失去价电子生成正离子，或是捕获电子生成负离子：

$$M + e^- \longrightarrow M^+ + 2e^-$$

$$M + e^- \longrightarrow M^-$$

一般情况下，生成的正离子是负离子的 10^3 倍。如果不特别指出，常规质谱只研究正离子。轰击电子的能量至少应等于被测物质的电离电位，才能使被测物质电离生成正离子。元素周期表中各元素的电离电位在 3 ~ 25eV 之间，其中绝大部分低于 15eV；氦（He）的电离电位最高，为 24.6eV，有机化合物分子的电离电位一般在 7 ~ 15eV。如果轰击电子能量正好等于被测物质的电离电位，必须使电子的所有能量全部转移给被测物质，方能使其电离。实际上能获得电子所有能量的分子或原子数量相当有限，此时电离效率很低，提高轰击电子的能量有利于增加电离效率。

10.3 质量分析器

10.3.1 扇形磁场质量分析器

扇形磁场质量分析器也称为磁扇形或磁场型质量分析器。其主要部件是一电磁铁，工作原理如图 10.3 所示。自离子源发出的离子束在加速电极电场（800 ~ 8000V）的作用下，使质量为 m 的正离子获得 v 的速度，沿直线方向（n）运动，其动能为

$$zU = \frac{1}{2}mv^2 \tag{10.1}$$

式中,z 为离子电荷数,U 为加速电压。

显然,在一定的加速电压下,离子的运动速度与质量 m 有关。

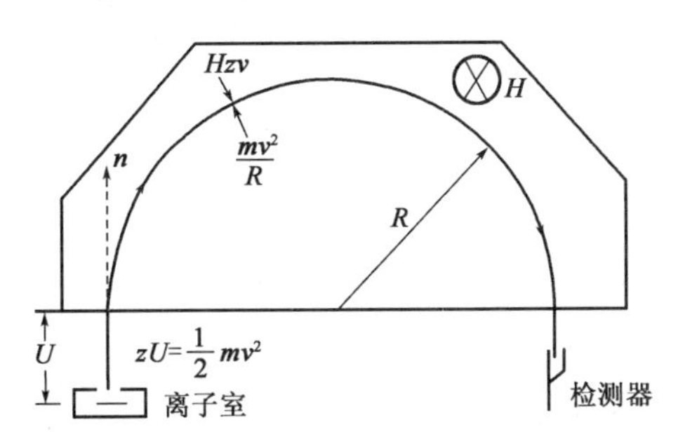

图 10.3　正离子在正交磁场中的运动

当此具有一定动能的正离子进入垂直于离子速度方向的均匀磁场(质量分析器)时,正离子在磁场力(洛伦兹力)的作用下,将改变运动方向(磁场不能改变离子的运动速度)作圆周运动。设离子作圆周运动的轨道半径(近似为磁场曲率半径)为 R,则运动离心力$\frac{mv^2}{R}$必然和磁场力 Hzv 相等,故

$$Hzv = \frac{mv^2}{R} \tag{10.2}$$

式中,H 为磁场强度。

由式(10.1)可得$\frac{m}{z}=\frac{2U}{v^2}$,由式(10.2)可得$\frac{m}{z}=\frac{HR}{v}$,则

$$\frac{2U}{v^2} = \frac{HR}{v} \tag{10.3}$$

由式(10.3)可得 $v=\frac{2U}{HR}$,将 $v=\frac{2U}{HR}$代入式(10.1)或式(10.2),均可得到

$$\frac{m}{z} = \frac{H^2R^2}{2U} \tag{10.4}$$

式(10.4)称为磁分析器质谱方程式,是设计质谱仪器的主要依据。由此式可见,离子在磁场内运动半径 R 与 m/z、U、H 有关。因此只有在一定的 U 及 H 的条件下,某些具有一定质荷比 m/z 的正离子才能以运动半径为 R 的轨道到达检测器。

若 H、R 固定,$\frac{m}{z}\propto\frac{1}{U}$,只要连续改变加速电压 U(电压扫描),或 U、R 固定,$\frac{m}{z}\propto H^2$,连续改变 H(磁场扫描),就可使具有不同 m/z 的离子顺序到达检测器发生信号而得到质谱图。

这种质量分析器所用的磁场可以是 180°的,也可以是 90°或其他角度的,其形状像一把扇子,因此称为扇形磁场分析器。这种分析器可以把从不同角度进入分析器的离子聚在一起,即具有方向聚焦作用,而且也只有方向聚焦作用,故称单聚焦分析器。图 10.4 是单聚焦质量分析器的原理示意图。

单聚焦分析器结构简单,操作方便,但其分辨率很低。不能满足有机物分析的要求,目前只用于气体分析质谱仪和同位素质谱仪中,工业质谱仪中使用的就是这种单聚焦分析器。

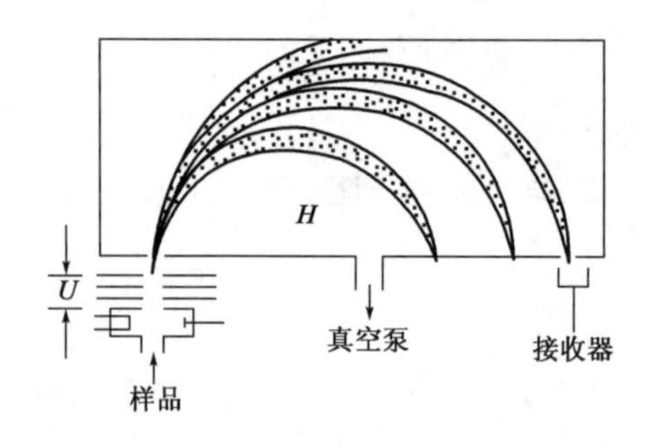

图 10.4　单聚焦质量分析器的原理示意图

单聚集分析器分辨率低的主要原因在于它不能克服离子初始能量分散对分辨率造成的影响。在前述质量分析器分离原理的讨论中,大大简化了进入磁场的离子的情况。实际上,由离子源出口缝进入磁场的离子束中的离子不是完全平行的,而是有一定的发散角度,另一方面,由于离子的初始能量有差异,以及在加速过程中所处位置不同等原因,离子的能量(即射入质量分析器的速度)也不是一致的。

在离子束以一定角度分散进入磁场的情况中,如果磁场安排得当(半圆形磁场或扇形磁场),一方面会使离子束按质荷比的大小分离开来,另一方面,相同质荷比、不同发散角度的离子在到达检测器时又重新会聚起来,这就称为方向(角度)聚焦。前述质量分析器只包括一个磁场,故称为单聚焦分析器。单聚焦分析器只能把质荷比相同而入射方向不同的离子聚焦,但是对于质荷比相同而能量不同的离子却不能实现聚焦,这样就影响了仪器的分辨率。

为了克服单聚焦分析器分辨本领低的缺点,必须采用电场和磁场所组成的双聚焦质量分析器。双聚焦质量分析器不仅可以实现方向(角度)聚焦,而且可以实现能量(速度)聚焦。因而双聚焦质量分析器的分辨本领远高于单聚焦仪器。

根据物理学,质量相同、能量不同的离子通过电场后会产生能量色散,磁场对不同能量的离子也能产生能量色散,如果设法使电场和磁场对于能量产生的色散相互补偿,就能实现能量(速度)聚焦。磁场对离子的作用具有可逆性,由某一方向进入磁场的质量相同的离子,经过磁场后会按照一定的能量顺序分开;反之,从相反方向进入磁场的以一定能量顺序排列的质量相同的离子,经过磁场后也可以会聚在一起。因此,将电场(由一对弯曲的电极板组成,在这一对电极板上施加一直流电位,使之产生静电场,这种仪器称为静电分析器)和磁场(磁分析器)配合使用,当静电分析器产生的能量色散和磁分析器产生的能量色散,在数值上相等、方向上相反时,离子经过这两个分析器后,可以实现能量聚焦,再加上磁分析器本身具有方向聚焦作用,这样就实现了双聚焦。

图 10.5 是一种双聚焦质量分析器的原理示意图。双聚焦质量分析器的优点是分辨率高,缺点是扫描速度慢,操作、调整比较困难,而且仪器造价也比较昂贵,以前在工业质谱仪中未得到应用,近年来,有些公司已推出双聚焦过程质谱仪产品。

10.3.2　四极杆质量分析器

四极杆质量分析器又称为四极滤质器。它由四根相互平行并均匀安置的金属杆构成,金属杆的截面是双曲线形的。由于加工理想的双曲线截面电极杆比较困难,在仪器中往往用圆柱形电极棒替代,实际电场与理想双曲线形场的偏差小于1%。

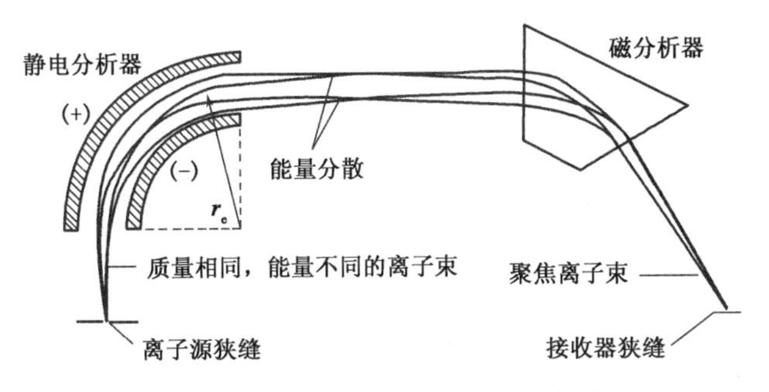

图 10.5　双聚焦质量分析器示意图

图 10.6 是一种双曲截面四极杆质量分析器原理图。相对的两根极杆为一组,在两组极杆上分别施加极性相反的电压。电压由直流电压和频率为射频(无线电波的频率,频率范围为 3～3000MHz)的交流电压叠加而成。因此,电压含有直流分量和交流分量。

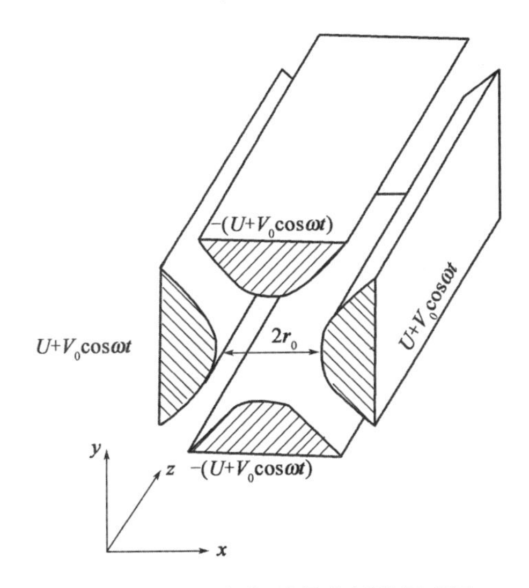

图 10.6　四极杆质量分析器原理图

如图 10.6 所示,在电极间形成一个对称于 z 轴的电场分布。离子束进入电场后,在交变电场作用下产生了振荡,在一定的电场强度和频率下,只有某种质量的离子能通过电场到达检测器,其他离子则由于振幅增大,最后撞到极杆上而被“过滤”掉,并被真空泵抽走。

离子的运动可由一组微分方程来描述。在图 10.6 中,x 方向上施加的电压为 $U+V\cos\omega t$,y 方向上施加的电压为 $-(U+V\cos\omega t)$。因此在电极间任一位置(x,y,z)处的电位 Φ 可用下式表示:

$$\Phi = \frac{(U + V\cos\omega t)(x^2 - y^2)}{r_0^2} \tag{10.5}$$

式中,U 是电压的直流分量;V 是交流分量的幅值;ω 是圆频率;t 是时间;r_0 是电场中心至电极端点的距离。

当质荷比为 m/z 的离子从 z 方向进入电场时,由于电场的作用,其运动轨迹可用下述方程组描述:

$$m\frac{d^2x}{dt^2} + \frac{2e(U + V\cos\omega t)(x^2 - y^2)}{r_0^2}x = 0 \tag{10.6}$$

$$m\frac{d^2y}{dt^2}-\frac{2e(U+V\cos\omega t)(x^2-y^2)}{r_0^2}y=0 \tag{10.7}$$

$$m\frac{d^2z}{dt^2}=0 \tag{10.8}$$

设

$$\omega t=2T$$

$$\frac{8eU}{mr_0^2\omega^2}=a$$

$$\frac{4eV}{mr_0^2\omega^2}=q$$

则式(10.6)、式(10.7)、式(10.8)分别变成了如下形式:

$$\frac{d^2x}{dt^2}+(a+2q\cos 2T)x=0 \tag{10.9}$$

$$\frac{d^2y}{dt^2}-(a+2q\cos 2T)y=0 \tag{10.10}$$

$$\frac{d^2z}{dt^2}=0 \tag{10.11}$$

离子运动轨迹可由上述方程组的解描述,数学分析表明,在 a、q 取某些数值时,运动方程有稳定的解,稳定解的图解形式通常用 a、q 参数的稳定三角形表示(图 10.7)。当离子的 a、q 值处于稳定三角形内部时,这些离子振幅是有限的,因而可以通过四极场达到检测器。在保持 U/V 不变的情况下,对应于一个 V 值,四极场只允许一种质荷比的离子通过,其余离子则振幅不断增大,最后碰到四极杆而被吸收。

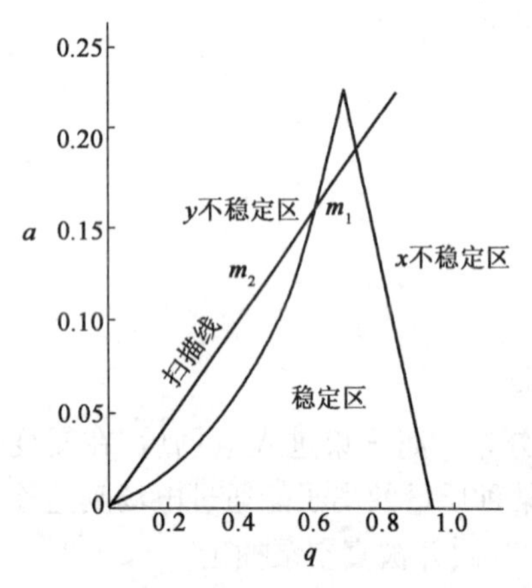

图 10.7　四极杆质量分析器稳定性图

改变 V 值,可以使另外质荷比的离子顺序通过四极场实现质量扫描。设置扫描范围实际上是设置 V 值的变化范围。当 V 值由一个值变化到另一个值时,检测器检测到的离子就会从 m_1 变化到 m_2,即得到 m_1 到 m_2 的质谱。

如果使交流电压的频率不变而连续地改变直流和交流电压的大小(但要保持它们的比例不变)称为电压扫描,保持电压不变而连续地改变交流电压的频率则称为频率扫描。

四极杆质量分析器具有很多优点:没有笨重的磁铁,结构简单,体积小,成本低;对入射离子的初始能量要求不高,可采用有一定能量分散的离子源;用电子学方法可方便调节质量分辨率和检测灵敏度;改变高频电压的幅度,可以进行质谱扫描,不存在滞后等问题,扫描速度快;离子源离子进入质谱仪的加速电压不高,样品表面几乎没有电荷现象;离子在质谱计内受连续聚焦力的作用,不易受中性粒子散射的影响,因此对仪器的真空度要求不高,允许在 1.33×10^{-2} Pa 左右。

由于以上的优点,四极杆质量分析器被广泛应用于要求并不高的质谱仪中。与磁质谱计相比,四极杆质量分析器的质量分辨率和检测灵敏度都比较低。

10.4 离子检测器

在质谱仪器中,离子源生成的离子经过质量分析器分离后,由离子检测器按离子质荷比大小接收和检测。根据工作原理的差别,离子的接收和检测方法主要有以下两种:

(1)直接电测法:离子流直接为金属电极所接收,并用电学方法记录离子流,例如用法拉第筒作为离子接收器。

(2)二次效应电测法:利用离子引起的两次效应,产生二次电子或光子,然后用相应的倍增器或电学方法记录离子流。二次电子倍增器就属于这一类。

在工业质谱仪中,法拉第筒一般用于常量组分的检测,二次电子倍增器则多用于微量组分的检测。

10.4.1 法拉第筒检测器

图 10.8 为一种法拉第筒检测器(为简便起见,也可用平板电极代替)。通过入口缝隙的离子(其他离子撞击入口缝板而接地)相继经过离子抑制极(此电极上施加与离子加速电压的极性相同、数值相近的电压,以抑制杂散离子,后者的能量远小于被分析离子的能量)和二次电子抑制极(此电极上施加 $10^1 \sim 10^2$V 负电压,以抑制被分析离子撞击法拉第筒时溅射出的二次电子,后者导致质谱峰高与峰形的畸变),最终进入法拉第筒。这种检测器不存在固有噪声,无质量歧视效应且使用寿命很长,但无放大作用。

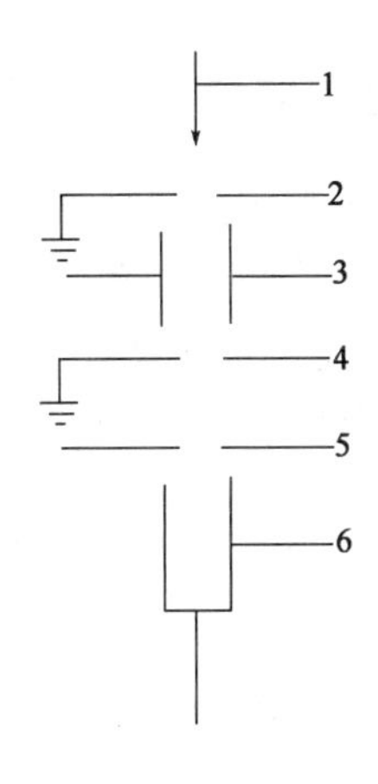

图 10.8 法拉第筒检测器

1—离子束;2—入口缝;3—离子抑制极;4—接地缝;5—二次电子抑制极;6—离子接收器

所谓质量歧视效应(mass discrimination effects),是指质谱仪中的一些部件,如离子检测器,对不同质量的离子产生不同响应的现象。

通常采用高输入阻抗的高增益放大器,把来自法拉第筒的离子流放大到足以用电测仪表指示的程度。采用的输入电阻越大,检测灵敏度越高、时间常数也越大。例如,采用静电计电子管或场效应管组成的直流放大器,当输入电阻取 $10^9 \sim 10^{12}\Omega$ 时,最小可检测电流 $10^{-13} \sim 10^{-15}$ A,时间常数 $1 \sim 10^{-2}$s。

10.4.2 二次电子倍增器

二次电子倍增器是质谱仪器中应用最广的离子检测器。它是一种静电聚焦式电子倍增器,其工作原理见图 10.9。一定能量的正离子打击阴极的表面,产生若干二次电子,然后用多级瓦片状的二次电极(或称打拿极)使二次电子不断倍增,最后为阳极所检测。

设入射的正离子流强度为 I_0,阴极发射的二次电子流强度为 I_-,则阴极效率 $\gamma = I_-/I_0$。对于每一个打拿极来说,设入射电子流强度为 i_1,发射的二次电子流强度为 i_2,则二次发射系数 $\sigma = i_2/i_1$。相同材料打拿极的二次发射系数是相等的。由此可以得知,到达阳极的电子流强度 $I_A = I_0\gamma\sigma^n$(n 是打拿极的个数),并能计算出倍增器的增益(放大倍数)$G = I_A/I_0 = \gamma\sigma^n$。大多数倍增器有 10 ~20 个打拿极,通过一个电阻分压器相连接,总体电压一般在3000V 左右,

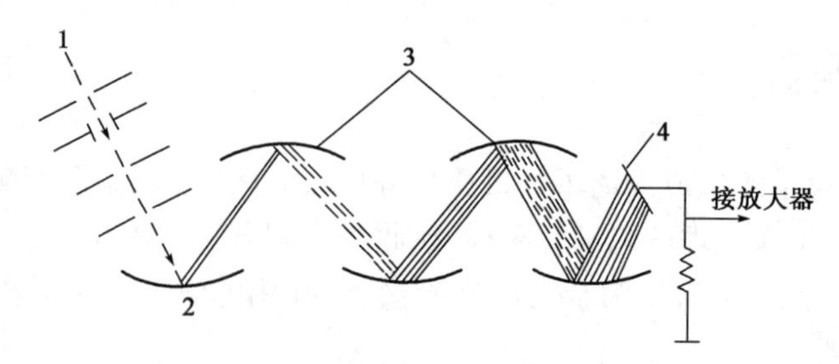

图 10.9　静电聚焦式电子倍增器

1—离子束；2—阴极；3—打拿极（二次极）；4—阳极

可以获得 $10^5 \sim 10^8$ 的增益。

制作阴极和打拿极材料的二次发射系数 σ 必须大于 1，铜—铍（含铍 2% 左右）、银—镁（含镁 2% ~4%）、铝—镁（含镁 4% ~5%）等合金和某些半导体材料都可采用。其中，最常使用的是铜—铍合金。

电子倍增器长期使用，特别是暴露大气后，由于打拿极表面污染而导致增益下降，必要时应进行清洁和重新激活。通常清洁的方法是在高真空中加热或将倍增器浸入丙酮中进行超声波处理。铜—铍打拿极的激活方法一般是在氧气氛中加热到一定温度。

10.4.3　单检测器配置和多检测器配置

在单聚焦式扇形磁场工业质谱仪检测系统中，有单检测器和多检测器两种配置。

在单检测器配置中，离子加速电压固定时，可通过扫描磁场强度来测定 m/z。用这个方法，使特定的离子从离子源出发，穿过一个固定半径的路径到达检测器。实际上，当分析很多特定组分时，磁场快速地跳扫，以给出各自的特征峰并聚焦到检测器上。

在多检测器配置中，当磁场和加速电压固定时，不同质荷比的离子都有特定的运动轨道半径，并都有各自的离子聚焦点，形成聚焦平面。将离子检测器配置在需要测定的质荷比的聚焦位置上。每一种质荷比即代表所需要测定的组分。

单检测器和多检测器配置的特点列于表 10.1。

表 10.1　单检测器和多检测器配置的特点比较

单　检　测　器	多　检　测　器
（1）通过软件，可灵活地进行分析选择； （2）单放大器，自动修正信号量程； （3）可选用法拉第筒或二次电子倍增器切换检测，低于 10^{-6} 级的灵敏度； （4）要求电路稳定性高，可变磁场扫描相对复杂	（1）固定地监测 3 ~9 个谱峰； （2）多个放大器，固定增益的模拟量输出，一定的动态响应范围； （3）仅能使用法拉第检测器，一般可达到低于 10^{-4} 级的灵敏度； （4）电路相对简单且信号稳定

10.5　真空系统

质谱仪的离子源、质量分析器及检测器工作时，必须处于高真空状态，离子源的真空度一般应小于 10^{-3} Pa，质量分析器应小于 10^{-4} Pa。若真空度低，则会发生以下现象：

（1）微量的氧就会烧坏离子源的灯丝；

（2）会使本底增高，干扰质谱图；

(3)引起额外的离子—分子反应,改变裂解模型,使质谱解释复杂化;

(4)干扰离子源中电子束的正常调节;

(5)用作加速离子的几千伏高压会引起放电等。

工业质谱仪的真空系统通常由低真空泵(前级机械真空泵)、高真空泵(主泵)、电磁阀、真空计等组成。高真空泵常选用涡轮分子泵或溅射离子泵,以获得清洁的高真空,满足质谱仪的工作条件。实际使用中,溅射离子泵获得的极限真空度高些,但涡轮分子泵启动快,有时不到 10min 就能进入工作状态,目前采用后者的越来越多。

10.5.1 低真空泵——前级机械真空泵

低真空泵有两个用途:一是作为高真空泵的前级泵,提供高真空泵正常工作所需要的前级真空;二是预抽真空,为进样系统、离子源或整个仪器暴露大气后预抽真空。

由于机械泵的运用范围是从大气压开始,所以适合用作质谱仪器的低真空泵。有各种各样的机械泵可供选择,只要抽速和极限真空符合要求即可。一般要求抽速在 120 ~ 360L/min,极限真空 0.1Pa。最常用的机械泵是旋转式油封泵。

10.5.2 高真空泵——涡轮分子泵

涡轮分子泵是利用高速旋转的涡轮叶片不断对被抽气体施以定向的动量和压缩作用,将气体排走的。

图 10.10 是涡轮分子泵结构图,它有四个基本部分:带进气口法兰的泵壳;装有 15 ~ 20 对动轮叶和静轮叶的涡轮排;中频电动机和润滑油循环系统构成的驱动装置;用于安装涡轮排和电动机的底座。

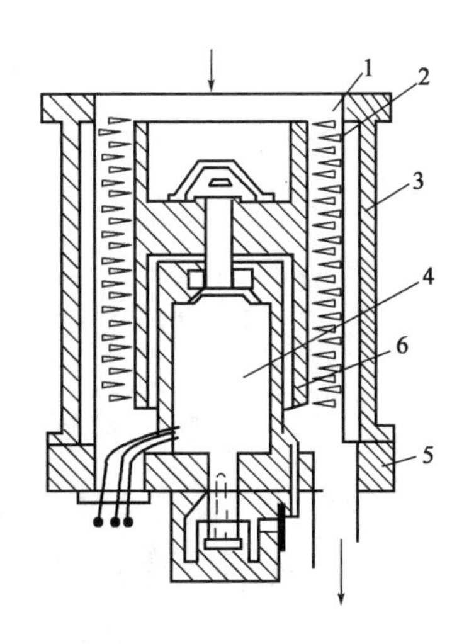

图 10.10 涡轮分子泵结构图

1—动轮叶;2—静轮叶;3—泵壳;4—中频电动机;5—底座;6—电动机冷却水管

动轮叶也称转子,见图 10.11(a),它类似于风扇中的叶片,在轮叶上开有许多均匀的径向斜槽。它们在中频电动机的带动下,以每分钟几万转的高速旋转,将定向速度传给空气分子。静轮叶也称定子,见图 10.11(b),其大小、几何形状与动轮叶相同,但叶面角与动轮叶相反,它在泵工作时是静止不动的。在涡轮排上,第一排是动轮叶,然后动轮叶和静轮叶相间排列,相互间的最小间隙仅 2mm 左右。每一对动、静轮叶构成一级。动轮叶旋转时给气体以切向速率,使定轮叶两侧有了定向运动的气流。就气体分子与轮叶槽之间的相对运动而言,静止的气流和高速旋转的轮叶之间的关系与运动气流和静止轮叶之间的关系是相当的,因此静轮叶同样有抽气效果。

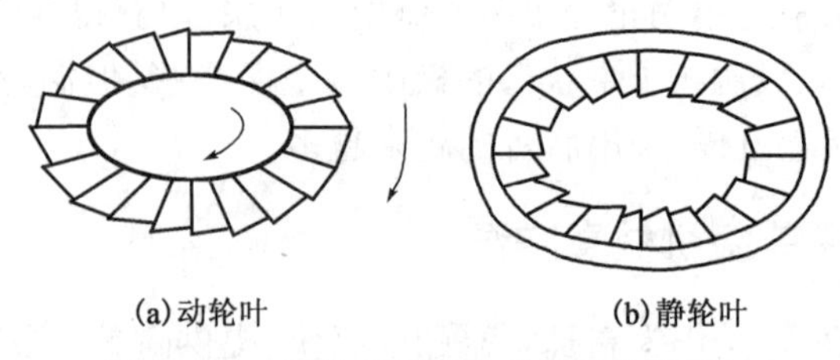

图 10.11　涡轮分子泵的动轮叶和静轮叶

涡轮分子泵所能达到的极限真空主要与涡轮排上动、静轮叶的个数有关,一般 15 ~ 20 级的泵可达到 10^{-5} ~ 10^{-6}Pa。其抽速主要与动轮叶的转速有关,可以从 160L/s 到 1600L/s。

涡轮分子泵对质谱仪器来说有许多优点,它除有大的抽速和可以达到高的极限真空外,还因没有泵液而无本底污染,对所有气体有近似的抽速,偶尔暴露大气不会受损伤等。其主要缺点是价格太贵,它的价格约是相同抽速的油扩散泵的 3 ~ 4 倍。

10.6　进样系统

工业质谱仪的进样系统常见的有以下两种。

10.6.1　旋转阀进样系统

旋转阀进样系统可装备 16、32、64 个取样点的多路旋转进样阀,由气动或电动步进马达驱动样品流的选择。多路旋转进样阀的外形如图 10.12 所示。

图 10.12　多路旋转进样阀的外形图

在任何时刻,只要选定一路气流,该气流就以 20mL/min 的流量,通过加热毛细管被送到保持在 3×10^2Pa 压力的"T"形三通处,大部分样气通过毛细管减压后被前级机械泵抽走,只有很小一部分样气通过分子漏孔被送入离子源。该系统的响应时间小于 0.5s,这是靠使用死容积很小的阀及全部系统保持在 80℃ 而达到的,系统加热可使不易挥发的物质的响应时间减至最小。进样系统的控制由机内处理器实现。

10.6.2　电磁阀进样系统

电磁阀进样系统是采用电磁阀进行多流路切换的进样系统,如图 10.13 所示。系统内气体样品的流通回路和毛细管被加热到 120℃,以保持样品的气化状态。绝大部分样品由前级机械泵抽走(返回到质谱仪外部的样品管路中),仅有很小一部分样品(约 2.5×10^{-4}mL/s)通过分子漏孔进入质谱仪的离子源。流路切换和进样过程由时间程序控制,每个流路进样气流的滞留时间约为 5s。

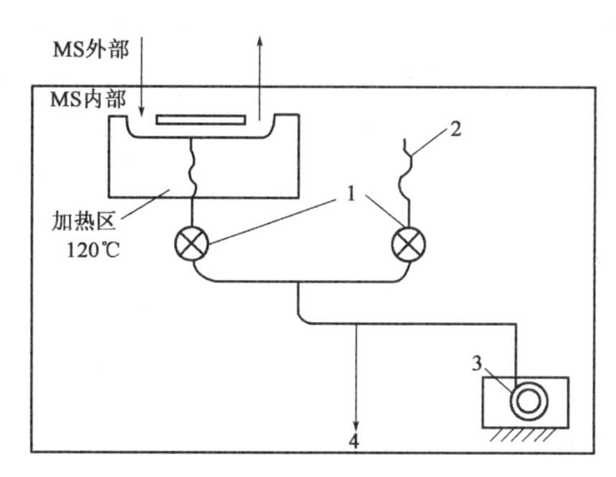

图 10.13　电磁阀进样系统

1—电磁阀;2—不锈钢毛细管;3—前级机械泵;4—去 MS(质谱分析)分子漏孔

10.7　质谱图和定量分析

10.7.1　质谱图

质谱图是以检测器检测到的离子相对丰度为纵坐标,离子质荷比为横坐标所作的条状图,见图 10.14。

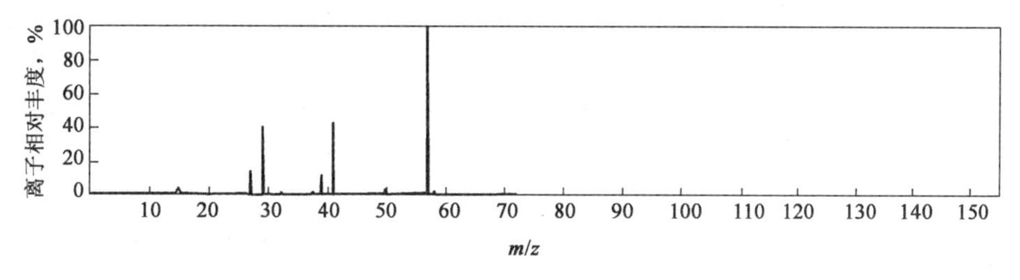

图 10.14　质谱图

与质谱图有关的几个概念解释如下:

质荷比(mass charge ratio):离子质量(以相对原子质量单位计)与它所带电荷(以电子电量为单位计)的比值,写作 m/z 或 m/e。

峰(peaks):质谱图中的离子信号通常称为离子峰或简称峰。

离子丰度(abundance of ions):检测器检测到的离子信号强度。

离子相对丰度(relative abundance of ions):以质谱图中指定质荷比范围内最强峰为

100%，其他离子峰对其归一化所得的强度。现在，标准质谱图均以离子相对丰度值为纵坐标。

基峰(base peak)：在质谱图中，指定质荷比范围内强度最大的离子峰称作基峰，其相对丰度为100%。

本底(back ground)：在与分析样品相同的条件下，不送入样品时所检测到的质谱信号，也可称作本底质谱。

分子离子(molecular ion)：分子失去一个电子生成的离子。它既是一个正离子，又是一个游离基，用 M^+ 表示。分子离子的质荷比等于相对分子质量。

准分子离子(quasi-molecular ion)：指与分子存在简单关系的离子，通过它也可以确定相对分子质量。例如分子得到或失去一个氢生成的 $[M+H]^+$ 或 $[M-H]^+$ 就是最常见的准分子离子。

碎片离子(fragment ions)：分子离子在离子源中经一级或多级裂解生成的产物离子。

同位素离子(isotopic ions)：由元素的重同位素构成的离子称为同位素离子。它们在质谱图中总是出现在相应的分子离子或碎片离子的右侧(即质荷比较大的一侧)。

亚稳离子(metastable ions)：亚稳离子是指那些在离开离子源之后、到达检测器之前这一区域中发生裂解反应的离子。它们一般呈现为很弱的宽峰，出现在非整数质量处。

多电荷离子(multiply-charged ions)：带有两个甚至两个以上电荷的离子。它们时常具有非整数质荷比，因而出现在质谱图的分数质量上。最常见的是双电荷离子。

10.7.2 混合物的定量分析

利用质谱图可进行混合物的定量分析。在进行分析的过程中，保持通过质谱仪的总离子流恒定，以使得到的每张质谱或标样的量为固定值，记录样品所有组分及其标样的质谱图。选择混合物中各种组分的一些共有的峰，并假设样品各组分的峰高为这个共有峰的峰高之和，从各组分标样中测得这个组分的峰高，解数个联立方程，可近似求得各组分浓度。

对于 n 个组分的混合物：

$$i_{m1}p_1 + i_{m2}p_2 + \cdots + i_{mn}p_n = I_m \tag{10.12}$$

式中 I_m——在混合物的质谱图上于质量 m 处的峰高(离子流)；

i_{mn}——组分 n 在质量 m 处的离子流；

p_n——混合物中组分 n 的分压强(即其体积分数或摩尔分数)。

故以纯物质(各种组分的标准气)校正 i_{mn}、p_n，测得未知混合物 I_m，通过解上述多元一次联立方程组即可求出各组分的含量。

在进行多组分有机混合物的定量分析时，上述方法费时费力且易引入计算及测量误差，故实验室分析一般采用色谱—质谱(GC-MS)联用技术，将复杂组分用色谱仪分离后再引入质谱仪中进行分析。

工业质谱仪的测量对象是多组分混合气体，需测定的组分大多是无机物。可采用跳扫的方法只对需要测定的组分进行扫描，也可以采用多检测器配置，只接收需要测定组分的信号，其定量计算要简单一些。

10.8 质谱仪的主要性能指标

一般用几个基本指标来衡量一台仪器的性能。质谱仪的几个最重要的指标是质量范围、分辨率、灵敏度和检出限。

10.8.1 质量范围

质量范围(mass range)就是一台质谱仪能够测量的离子质量下限与上限之间的一个范围。离子质量的单位即原子质量单位(amu,atomic mass unit)。实际上质量范围的下限从0开始,所以一台仪器的质量范围就是这台仪器所能测量的最大的 m/z 值。这是一个非常重要的参数,因为它决定了可测量的样品的相对分子质量。

10.8.2 分辨率

分辨率(resolution,R)是指在给定样品的条件下,仪器对相邻两个质谱峰的区分能力,它是衡量仪器性能的一个极其重要的指标。

如果离子峰的质量分别为 m_1 和 m_2,两峰的质量之差 $\Delta m = m_2 - m_1$,当仪器把这两个峰刚好分开时,就定义仪器的分辨率为

$$R = \frac{m_1(\text{或 } m_2)}{\Delta m} \tag{10.13}$$

如图10.15所示,“刚好分开”是指前一峰的峰尾和后一个峰的起点相连,且连结点刚好落在基线上,或者说两峰的中心距 Δx 等于两峰的平均宽度 $\overline{W} = \frac{W_1 + W_2}{2}W$。

例如,设两峰的质量数分别为100和101,当两峰刚好分开时仪器的分辨率 $R = \frac{100}{101 - 100} = 100$;如果刚好被分开的两峰质量数分别为1000和1001,则此时仪器的分辨率为1000。如果要将质量数分别为1000和1001的两峰分开,仪器的分辨率也应达到1000。由此可见,分辨率的物理意义是仪器在质量数 m 附近能够分辨的最小相对质量差。

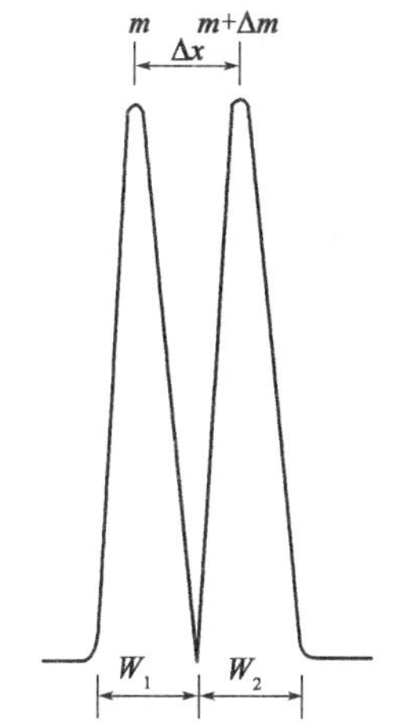

图10.15 “刚好分开”的峰

分辨率100表示在质量数100附近,仪器能分辨的质量差 Δm 为1amu;分辨率1000表示在质量数100附近,仪器能分辨0.1amu,而在质量数1000附近则只能分辨1amu的质量差。同样是分辨1amu的质量差,离子质量(m)越大,要求的分辨率越高;在相同离子质量数上,分辨率越高,能够分辨的质量差越小,测定的质量精度越高。这说明质量测定精度既和分辨率有关,又与被测离子的质量有关。在相同的分辨率下,测量高质量离子的质量精度低,而测量低质量离子的质量精度高。

在实际测量仪器的分辨率时,往往很难找到两个刚好分开的离子峰,因此,可以任意选择两个分开的峰,或选择有部分重叠的峰,然后将式(10.13)改写为

$$R = \frac{m}{\Delta m} \cdot \frac{a}{b} \tag{10.14}$$

式中,a 为两个峰的中心距;b 为平均峰宽(当两峰相隔不很远时,近似为其中任一峰的峰宽)。

由于峰宽测量方法不统一,对同一质谱,可能得到不同的分辨率结果。现在国际上规定使用10%峰谷作为测定分辨率的标准。所谓10%峰谷,是指相邻的两个等高峰间的峰谷高度为峰高的10%(图10.16),即两峰各以5%峰高重叠。此时,峰宽 b 的测量点确定为5%峰高处。

有一些质谱仪器生产厂商以50%峰高来测量分辨率,此时峰宽的测量点在50%峰高处,测得的峰宽值显然比5%峰高处的测量值小,用式(10.14)计算得到的 R 显然大于10%峰谷方法。因此在考察厂商提供的仪器分辨率指标时,应注意其测量方法。

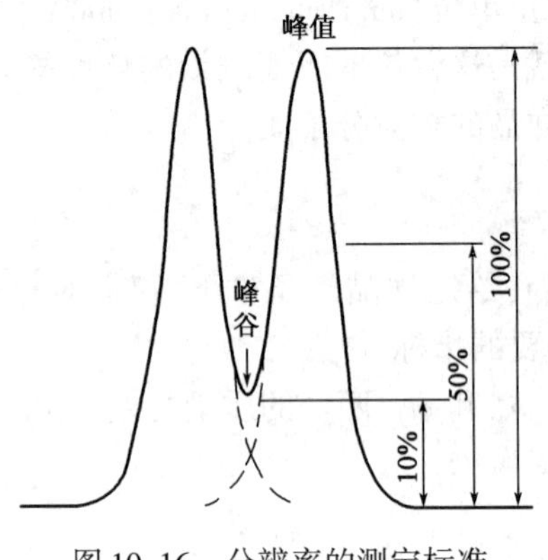

图10.16 分辨率的测定标准

10.8.3 灵敏度

灵敏度是质谱仪对样品量感测能力的评定指标,是指在规定条件下,对选定化合物产生的某一质谱峰,仪器对单位样品所产生的响应值。根据不同的测试条件,灵敏度可用不同的方法来描述。

检测气体样品时,常用质谱测得的离子流强度与离子源内气压之比值来衡量仪器的灵敏度,其单位为 $A \cdot Pa^{-1}$。在一定的气压下,得到的离子流强度越大,表明仪器的灵敏度越高。

一般来说,仪器的灵敏度与分辨率是一对矛盾,磁场型仪器提高分辨率的最有效办法是调小离子源及接收器狭缝,这将使一大部分离子无法到达接收器,从而降低了灵敏度。四极滤质器两者之间也有反比例关系。

10.8.4 检出限

检出限是指质谱仪可检出的样品最小含量或最小浓度,是表征和评价质谱仪器最小检测能力的一个指标。

11 微量水分与水露点分析仪原理

11.1 湿度的定义及表示方法

11.1.1 湿度的定义

按照国家计量技术规范《湿度与水分计量名词术语及定义》(JJF 1012—2007),把气体中水蒸气的含量定义为湿度;而把液体或固体物质中水的含量定义为水分。

当气体中水蒸气的含量低于 -20℃露点时(在标准大气压下含量为 1020×10^{-6}),工业中习惯上称为微量水分,而不称作湿度。

11.1.2 湿度的表示方法

工程测量中常用的表示方法如下:

(1)绝对湿度:在一定的温度及压力条件下,每单位体积混合气体中所含的水蒸气质量,单位以 g/m^3 或 mg/m^3 表示。

(2)体积百分比:水蒸气在混合气体中所占的体积百分比,单位以% 表示。在微量情况下采用体积百万分比,单位以 10^{-6} 或 μL/L 表示。

(3)质量百分比:水分在液体(或气体中)所占的质量百分比,单位以% 表示。在微量情况下采用质量百万分比,单位以 10^{-6} 或 μg/g 表示。

(4)水蒸气分压:指在湿气体的压力一定时,湿气体中水蒸气的分压力,单位以毫米汞柱(mmHg)或帕斯卡(Pa)表示。

(5)露点温度:在一个大气压下,气体中的水蒸气含量达到饱和时的温度称为露点温度,简称露点,单位为℃或℉。露点温度和饱和水蒸气含量是一一对应的。

(6)相对湿度:指在一定的温度和压力下,湿空气中水蒸气的摩尔分数与同一温度和压力下饱和水蒸气的摩尔分数之比,单位以% 表示。有时,也常用一定的温度和压力下湿空气中水蒸气的分压与同一温度和压力下饱和水蒸气的分压之比来表示相对湿度。但须注意,这种表示方法仅适用于理想气体。

11.1.3 湿度单位的换算

在微量水分的分析中,常用的湿度计量单位主要有以下几种:

绝对湿度——mg/m^3;

体积百万分比——mL/m^3;

露点温度——℃;

质量百万分比——mg/kg。

常用湿度单位换算见表 11.1 和表 11.2。

表 11.1 101.325kPa 下气体的水露点与水含量对照表

(SY/T 7507—2016《天然气水中含量的测定 电解法》)

露点,℃	体积分数 φ,10^{-6}	质量浓度（按20℃计）g/m³	露点,℃	体积分数 φ,10^{-6}	质量浓度（按20℃计）g/m³
-80	0.5409	0.0004052	-39	142	0.1064
-79	0.6370	0.0004772	-38	158.7	0.1189
-78	0.7489	0.000561	-37	177.2	0.1327
-77	0.8792	0.0006586	-36	197.9	0.1482
-76	1.030	0.0007716	-35	220.7	0.1653
-75	1.206	0.0009034	-34	245.8	0.1841
-74	1.409	0.001055	-33	273.6	0.2050
-73	1.643	0.001231	-32	304.2	0.2279
-72	1.913	0.001433	-31	333.0	0.2532
-71	2.226	0.001667	-30	375.3	0.2811
-70	2.584	0.001936	-29	416.2	0.3118
-69	2.997	0.002245	-28	461.3	0.3456
-68	3.471	0.002600	-27	510.8	0.3826
-67	4.013	0.003006	-26	565.1	0.4233
-66	4.634	0.003471	-25	624.9	0.4681
-65	5.343	0.004002	-24	690.1	0.5170
-64	6.153	0.004609	-23	761.7	0.5706
-63	7.076	0.005301	-22	840.0	0.6292
-62	8.128	0.006089	-21	925.7	0.6934
-61	9.322	0.006983	-20	1019	0.7633
-60	10.68	0.008000	-19	1121	0.8397
-59	12.22	0.009154	-18	1233	0.9236
-58	13.96	0.01046	-17	1355	1.015
-57	15.93	0.01193	-16	1487	1.114
-56	18.16	0.01360	-15	1632	1.223
-55	20.68	0.01549	-14	1788	1.339
-54	23.51	0.01761	-13	1959	1.467
-53	26.71	0.02001	-12	2145	1.607
-52	30.32	0.02271	-11	2346	1.757
-51	34.34	0.02572	-10	2566	1.922
-50	38.88	0.02913	-9	2803	2.100
-49	43.97	0.03294	-8	3059	2.291
-48	49.67	0.03721	-7	3333	2.500
-47	56.05	0.04199	-6	3639	2.726
-46	63.17	0.04732	-5	3966	2.971
-45	71.13	0.05528	-4	4317	3.234
-44	80.01	0.05994	-3	4699	3.520
-43	89.91	0.06735	-2	5109	3.827
-42	100.9	0.07558	-1	5553	4.160
-41	113.2	0.08480	0	6032	4.519
-40	126.8	0.09499			

表 11.2　1 bar 绝对压力下水露点与水含量对照表

露点温度,℃	体积分数,%	质量浓度,g/m^3	露点温度,℃	体积分数,%	质量浓度,g/m^3
-100	0.00000139	0.0000111	-4	0.431	3.46
-90	0.00000955	0.0000767	-3	0.469	3.77
-80	0.000054	0.000434	-2	0.51	4.10
-70	0.000258	0.00207	-1	0.555	4.46
-60	0.00107	0.00857	0	0.602	4.84
-55	0.00207	0.0166	+1	0.649	5.21
-50	0.00388	0.0312	+2	0.696	5.59
-48	0.00496	0.0399	+3	0.750	6.02
-46	0.00631	0.0507	+4	0.803	6.45
-44	0.00800	0.0642	+5	0.861	6.91
-42	0.0102	0.0816	+6	0.922	7.41
-40	0.0127	0.102	+7	0.988	7.94
-38	0.0159	0.127	+8	1.06	8.51
-36	0.0198	0.159	+9	1.13	9.10
-34	0.0246	0.197	+10	1.21	9.74
-32	0.0304	0.244	+11	1.29	10.40
-30	0.0375	0.301	+12	1.38	11.10
-28	0.0461	0.371	+13	1.48	11.90
-26	0.0565	0.454	+14	1.58	12.70
-24	0.069	0.554	+15	1.68	13.50
-22	0.084	0.675	+16	1.79	14.40
-20	0.102	0.816	+17	1.91	15.40
-19	0.112	0.899	+18	2.04	16.40
-18	0.123	0.989	+19	2.17	17.40
-17	0.135	1.09	+20	2.31	18.50
-16	0.148	1.19	+21	2.46	19.70
-15	0.163	1.31	+22	2.61	21.00
-14	0.179	1.43	+23	2.77	22.30
-13	0.196	1.57	+24	2.94	23.70
-12	0.214	1.72	+25	3.13	25.10
-11	0.234	1.88	+26	3.32	26.70
-10	0.256	2.06	+27	3.52	28.30
-9	0.280	2.25	+28	3.73	30.00
-8	0.305	2.45	+29	3.95	31.80
-7	0.333	2.68	+30	4.19	33.60
-6	0.363	2.92	+35	5.55	44.60
-5	0.396	3.18	+40	7.28	58.50

续表

露点温度,℃	体积分数,%	质量浓度,g/m³	露点温度,℃	体积分数,%	质量浓度,g/m³
+45	9.46	76.00	+70	30.70	247
+50	12.20	97.80	+80	46.70	376
+55	15.50	125	+90	69.20	556
+60	19.70	158			

* 样品气露点温度 + 5℃、流量 100L/h 时的冷凝液体积。

11.1.4 常压下天然气水分含量与压力状态下水露点的换算

目前使用的微量水分仪,绝大多数是将样品减压后,测量常压下的水分含量。图 11.1 示出了常压下水分含量(mL/m^3)与露点(℃)之间的对应关系,可以看出二者并非线性关系,如需进行换算,一般可查阅相关表格,如表 11.1 和表 11.2 所示。

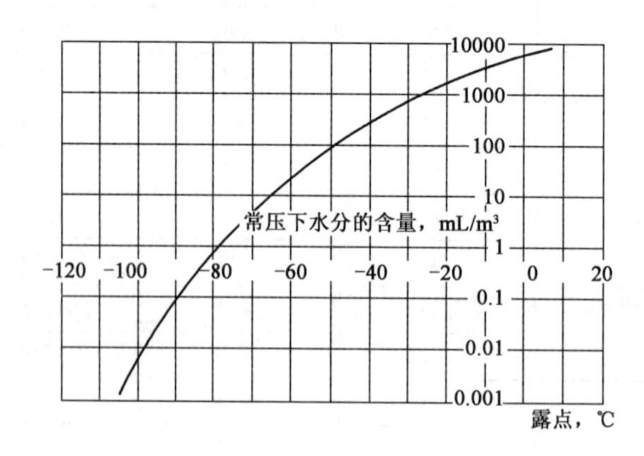

图 11.1　常压下水分含量(mL/m^3)与露点(℃)之间的对应关系

在天然气工业中,往往需要将常压($1.01 \times 10^5 Pa$)下测得的天然气水分含量,换算成压力状态下的水露点值,以便掌握天然气在管道输送的压力和温度下,会不会结露而凝析出液态水,二者之间的相互换算可通过计算法。

采用在线分析仪测量天然气中水分含量通常是在常压下进行,如果需要将仪表所测的水分含量,换算成带压下的露点值,应按 GB/T 22634—2008《天然气水含量与水露点之间的换算》进行。该标准的换算方法较为繁琐,可从西南油气田分公司天然气研究院购买计算软件进行换算。

在现场也可按下面的简易算法粗略估算。

$$E_{S0} = \frac{p_0}{p_1} \times E_{S1} \tag{11.1}$$

式中　E_{S0}——标准大气压下的水蒸气分压;

p_0——标准大气压($1.01 \times 10^5 Pa$);

p_1——实际的压力;

E_{S1}——水(或冰)的饱和蒸气压值(带压下)。

露点温度(℃)与饱和水蒸气压(Pa)、体积百万分比(μL/L)对照表见表 11.3。

计算示例:如果常压下仪表所测的水分含量为 8.1×10^{-6},露点 −62℃。查表 11.3,对应的饱和蒸气压为 0. 823473Pa，记作 E_{S0}。p_0 为标准大气压（1.01×10^5Pa），p_1 为实际压力，25MPa。根据式（11.7）可以计算出 E_{S1} 水（或冰）的饱和蒸气压值（带压下），然后再查表 11.3，即可得出 25MPa 压力下的露点值。

$$E_{S0}=\frac{p_0}{p_1}\times E_{S1} \tag{11.2}$$

$$0.823473\text{Pa}=\frac{1.01\times10^5\text{Pa}}{250\times10^5\text{Pa}}\times E_{S1} \tag{11.3}$$

$$E_{S1}=205.868\text{Pa} \tag{11.4}$$

查表 11.3 得到 25MPa 压力下的露点值约为 -13℃。

表 11.3 露点温度(℃)与饱和水蒸气压(Pa)、体积百万分比(μL/L)对照表

露点，℃	饱和水蒸气压，Pa	体积百万分比 μL/L	露点，℃	饱和水蒸气压，Pa	体积百万分比 μL/L
0	611.153	6068	-27	51.7546	511.0
-1	565.675	5584	-28	46.7393	461.5
-2	517.724	5136	-29	42.1748	416.4
-3	475.068	4721	-30	38.0238	375.4
-4	437.488	4336	-31	34.2521	338.2
-5	401.779	3981	-32	30.8277	304.3
-6	368.748	3653	-33	27.7214	273.7
-7	388.212	3349	-34	24.9059	245.9
-8	310.001	3069	-35	22.3563	220.7
-9	283.995	2811	-36	20.0494	197.9
-10	259.922	2572	-37	17.9640	177.3
-11	237.762	2352	-38	16.0805	158.7
-12	217.342	2150	-39	14.3809	141.9
-13	198.538	1963	-40	12.8485	126.8
-14	181.233	1792	-41	11.4685	113.2
-15	165.319	1634	-42	10.2265	100.9
-16	150.694	1489	-43	9.11011	89.92
-17	137.263	1357	-44	8.10736	80.02
-18	124.938	1235	-45	7.20763	71.14
-19	113.634	1123	-46	6.40114	63.18
-20	103.276	1020	-47	5.67894	56.05
-21	93.7904	926.5	-48	5.03431	49.67
-22	85.1104	840.7	-49	4.45556	43.97
-23	77.1735	762.2	-50	3.94017	38.89
-24	69.9217	690.6	-51	3.48056	34.35
-25	63.3008	625.1	-52	3.07118	30.31
-26	57.2607	565.4	-53	2.70680	26.71

续表

露点,℃	饱和水蒸气压,Pa	体积百万分比 μL/L	露点,℃	饱和水蒸气压,Pa	体积百万分比 μL/L
-54	2.38296	23.52	-65	0.541406	5.343
-55	2.09542	20.68	-66	0.469514	4.634
-56	1.84042	18.16	-67	0.406613	4.013
-57	1.61452	15.93	-68	0.351650	3.471
-58	1.41463	13.96	-69	0.303688	2.997
-59	1.23797	12.22	-70	0.261892	2.585
-60	1.08203	10.68	-71	0.225521	2.226
-61	0.944545	9.322	-72	0.193916	1.914
-62	0.823473	8.127	-73	0.166491	1.643
-63	0.716990	7.076	-74	0.142728	1.409
-64	0.623457	6.153	-75	0.122168	1.206

11.2 湿度测量方法和湿度计的类型

湿度测量仪器从早期的毛发湿度计、干湿球湿度计、露点湿度计,发展到当代利用各种物质吸收水分时电性能(如电阻、电容、频率等)的变化而设计的各种湿度计,以及利用湿空气光学特性的红外、激光吸收湿度计。

工业在线分析常用的微量水分仪主要有以下5种类型:

(1)电解式微量水分仪;

(2)电容式微量水分仪;

(3)压电晶体振荡式微量水分仪;

(4)半导体激光式微量水分仪;

(5)近红外漫反射式(光纤式)微量水分仪。

其中,电容式和光纤式可用于气体和液体,其他只能用于气体。

在工业生产过程中,控制物料中的水分含量具有重要的作用。例如,在一些聚合反应过程中,若原料中含有一定的水分,就会大大降低聚合产品的性能。在乙烯裂解分离过程中,如果裂解气中含有微量水分,在深冷分离工序就会造成设备冻裂停产的重大事故。在很多场合,微量水分对催化剂具有毒性,若不除去就会使催化剂中毒失效,如聚乙烯、聚丙烯聚合反应中,要求进料含水量小于1×10^{-6},否则催化剂活性降低,会造成产品变色。在石油炼制过程中,物料的水分含量也是个重要的因素,将会直接影响产品质量和设备的安全运转。某些气体如氯化氢、氯气等,其中存在水分会产生很强的腐蚀作用。因此微量水分的测量及控制对许多生产过程是必不可少的。

在天然气管道输送中,如果含有水分,当环境温度低于管输压力下的水露点温度时,天然气就可能凝析出游离水,游离水可能会产生以下不利影响:

(1)降低天然气的热值和管输能力;

(2)引起流动条件的不确定,从而带来了天然气的计量误差;

(3)加速酸性组分对设备和管道的腐蚀;

(4)液体进入压缩机可能破坏压缩机,造成事故;

(5)与天然气形成水合物,严重时堵塞管道、设备、阀门等,影响平稳供气和生产装置正常运行。

在线测量天然气水露点的方法,目前大多是采用在线微量水分仪测得天然气中的水分含量,通过计算转换为管输压力下的水露点温度。

11.3 电解式微量水分仪

11.3.1 测量原理和特点

1)测量原理

电解式微量水分仪又名库仑法电解湿度计,它建立在法拉第电解定律基础之上,广泛应用于气体中微量水分的测量,测量范围通常为 1 ~ 1000μL/L。这种湿度计不仅能达到很低的测量下限,更重要的是它是一种采用绝对测量方法的仪器。

电解式微量水分仪的主要部分是一个特殊的电解池,池壁上绕有两根并行的螺旋形铂丝,作为电解电极。铂丝间涂有水化的五氧化二磷(P_2O_5)薄层。P_2O_5具有很强的吸水性,当被测气体经过电解池时,其中的水分被完全吸收,产生偏磷酸溶液,并被两铂丝间通以的直流电压电解,生成的 H_2和 O_2随样气排出,同时使 P_2O_5复原。反应过程如下:

吸湿: $P_2O_5 + H_2O \longrightarrow 2HPO_3$

电解: $4HPO_3 \longrightarrow 2H_2\uparrow + O_2\uparrow + 2P_2O_5$

在电解过程中,产生电解电流。根据法拉第电解定律和气体状态方程可导出,在一定温度、压力和流量条件下,产生的电解电流正比于气体中的水含量。测出电解电流的大小,即可测得水分含量。

法拉第电解定律的表达式为

$$m = \frac{M}{nF} \times It \tag{11.5}$$

式中 m——被电解的水的质量,g;

M——H_2O 的摩尔质量,$M = 18.02$g/mol;

n——电解反应中电子变化数,$n = 2$;

F——法拉第常数,96500C(1C = 1A · s ,即 1 库仑 = 1 安培 · 秒);

I——电解电流,A;

t——电解时间,s。

被电解的水蒸气的体积可由下式求得:

$$V = \frac{22.4 \times \frac{Tp_0}{T_0 p}}{nF} \times It \tag{11.6}$$

式中 V——被电解的水蒸气的体积,L;

22.4——1mol 气体在标准状态(0℃ ,101325Pa)下的体积为 22.4L;

T_0——273.15K,即 0℃ ;

T——电解温度;

p_0——标准大气压,101325Pa;

p——电解池的压力。

当 $T=20℃$，$p=p_0$ 时，由式(11.6)可计算出被电解的水蒸气的体积为

$$V=\frac{22.4\times\frac{273.15+20}{273.15}}{2\times96500}\times It \tag{11.7}$$

$$V=0.00012456It(\mathrm{L}) \tag{11.8}$$

$$V=124.56It(\mu\mathrm{L}) \tag{11.9}$$

当 $I=1\mathrm{A}$，$t=1\mathrm{s}$ 时，$V=124.56\mu\mathrm{L}$，即1C电量可电解124.56μL的水蒸气。

若样品为100%的水蒸气，其流量为100mL/min = 100000μL/60s = 1666.67μL/s，则将其完全电解所需的电流强度为

$$I=\frac{1666.67\mu\mathrm{L/s}}{124.56\mu\mathrm{L/s}} \tag{11.10}$$

$$I=13.38\mathrm{A} \tag{11.11}$$

以上是样品为100%的水蒸气的情况，若样品含水量以 10^{-6}(μL/L)计，则

$$\frac{100\%}{10^6}=\frac{13.38\mathrm{A}}{x} \tag{11.12}$$

解得 $x=13.38\mu\mathrm{A}$，即在1个大气压下，系统温度为20℃，被测气样以100mL/min的流量流经电解池，当气样含水量为 1×10^{-6} 时，电解电流为13.4μA。

当通入的气体流量不变时，电解电流与气体中水分的绝对含量有精确的线性关系：

$$I=kc \tag{11.13}$$

式中 I——电解电流，μA；

k——比例系数，μA/μL(当 $T=20℃$，p 为1个大气压时，$k=13.4\mu\mathrm{A}/\mu\mathrm{L}$)；

c——气体中水分的绝对含量，μL。

若温度、压力不变，流量由100mL/min变为 F'mL/min，则 k' 可由下式求得

$$\frac{F'}{100}=\frac{k'}{13.4} \tag{11.14}$$

若温度、压力变化时，可通过理想气体状态方程对流量加以修正，然后代入式(11.4)计算 k'。

2)特点

(1)电解式微量水分仪的测量方法属于绝对测量法，电解电量与水分含量一一对应，微安级的电流很容易由电路精确测出，所以其测量精度高，绝对误差小。由于采用绝对测量法，测量探头一般不需要用其他方法进行校准，也不需要现场标定。

(2)电解池的结构简单，使用寿命长，并可以反复再生使用。

(3)测量对象较广泛。

11.3.2 仪器构成和主要性能指标

1)仪器的构成

电解式微量水分仪由检测器和显示器两部分构成，检测元件为电解池。

电解池由芯管(棒)、电极和外套管三个主要部分组成,有两种结构型式。一种是内绕式,把两根铂丝电极绕制在直径0.5～2mm的绝缘芯管内壁上,管子长度为几十厘米,两根铂丝电极间的距离一般为十分之几毫米,铂丝直径一般取0.1～0.3mm。在管子内壁涂上一定浓度的 P_2O_5 水溶液。为使涂层黏附牢固,可加一定润湿剂。做成的管子切成一定长度,装入外套管中,并接上样品进、出管接头和电极引线,即成为完整的电解池,见图11.2(a)。

另一种是外绕式,在一根绝缘芯棒上,加工两条有一定距离的螺旋槽,沿槽绕以铂丝电极,电极间涂以 P_2O_5 水溶液,芯棒外面套上外套管。外套管内径应尽量小,使其与芯棒间距小些,以避免产生水分吸收不完全现象,见图11.2(b)。

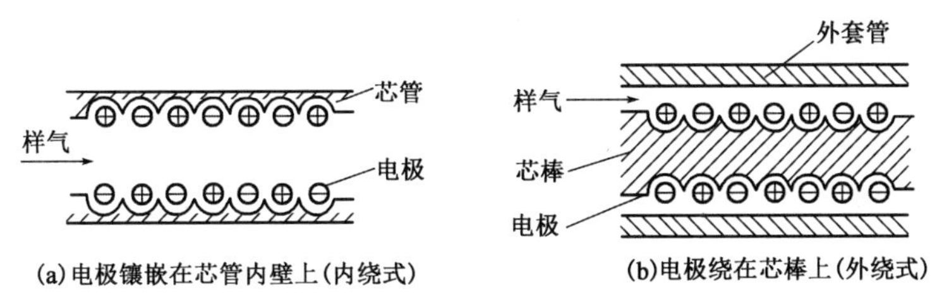

图11.2 电解池的结构示意图

电解池的长度应满足对被测气体中的水分达到完全吸收。电解池一般采用不锈钢管内部抛光或内衬玻璃管,也可采用聚四氟乙烯管制作。

2)主要性能指标

测量范围:$0 \sim 1000 \times 10^{-6}$,可扩展至 $0 \sim 2000 \times 10^{-6}$。

基本误差:仪表读数的 $\pm 5\%$($<100 \times 10^{-6}$时)。仪表读数的 $\pm 2.5\%$($>100 \times 10^{-6}$时)。

响应时间:<60s。

样品条件:温度为常温;压力为0.1～0.3MPa;流量为100mL/min($0 \sim 1000 \times 10^{-6}$量程)或50mL/min($0 \sim 2000 \times 10^{-6}$量程)。

3)测量对象和不宜测量的气体

电解式微量水分仪的测量对象为空气、氮、氢、氧、一氧化碳、二氧化碳、天然气、惰性气体、烷烃、芳烃等,混合气体及其他在电解条件下不与 P_2O_5 起反应的气体也可分析。

下述气体不宜用电解式微量水分仪进行测量:

(1)不饱和烃(芳烃除外):会在电解池内发生聚合反应,缩短电解池使用寿命。

(2)胺和铵:会与 P_2O_5 涂层发生反应,不宜测量。

(3)乙醇:会被 P_2O_5 分解产生 H_2O 分子,引起仪表读数偏高。

(4)F_2、HF、Cl_2、HCl:会与接触材料发生反应,造成腐蚀。可选用耐相应介质腐蚀的专用型湿度仪。

(5)含碱性组分的气体。

11.3.3 影响测量精度的主要因素

影响电解式微量水分仪测量精度的因素主要有三个:样气流量、系统压力和样气温度。

1)样气流量

由电解式微量水分仪测量原理的讨论中可知,当通入的样气流量不变时,电解电流与水分的绝对含量有精确的线性关系,当流量发生波动时,必然会影响到测量精度。因此,在电解式微量水分仪气路系统的设计中,应确保样气压力的稳定和流量的恒定。

转子流量计出厂时,其刻度一般是用空气或水标定的。如果实际测量介质和标定介质不同,当密度相差不大时,则有

$$\frac{Q_{实}}{Q_{刻}} = K \tag{11.15}$$

$$\sqrt{\frac{(\rho_f - \rho_{介})\rho_0}{(\rho_f - \rho_0)\rho_{介}}} = K \tag{11.16}$$

$$Q_{实} = Q_{刻} K \tag{11.17}$$

式中 ρ_f——转子密度;

ρ_0——标定介质(空气或水)密度;

$\rho_{介}$——被测介质密度;

$Q_{实}$——实际流量;

$Q_{刻}$——刻度流量;

K——校正系数。

表 11.4 给出了部分气体的校正系数表,可供参考。

表 11.4 部分气体的流量校正系数表

序号	气 体 名 称	转子流量计刻度校正系数 K
1	空气	1.00
2	氮气	1.02
3	氧气	0.933
4	氢气	3.233
5	氦气	1.97
6	氩气	0.85
7	一氧化碳	1.01
8	甲烷	1.4
9	乙烯	1.03
10	乙烷	1.11
11	丙烯	0.83
12	丙烷	0.96
13	裂解氨气(75% 氢和 25% 氮)	1.74
14	丁烷	0.853
15	丁二烯	0.883
16	异丁烷	0.886
17	异丁烯	0.72
18	氟利昂 22	0.58
19	氟利昂 12	0.38

例如，转子流量计的刻度是用氮气给出的（该流量计是氮气流量计），当用其测甲烷时，可参考表 11.4 按下式进行修正：

$$Q_{甲烷} = Q_{氮气} \times \frac{K_{甲烷}}{K_{氮气}} \tag{11.18}$$

$$Q_{甲烷} = Q_{氮气} \times \frac{1.4}{1.02} \tag{11.19}$$

实际工作中，也可使用皂沫流量计对转子流量计的示值进行校正。

2）系统压力

电解式微量水分仪的测量结果，是根据法拉第电解定律和理想气体状态方程导出的，若大气压力为 760mmHg，流量为 100mL/min，仪表读数为 C_0，则当大气压力为 p、样气流量为 Q 时，仪表读数 C 可按下式进行修正：

$$C = C_0 \times \frac{760}{p} \times \frac{100}{Q} \tag{11.20}$$

如需扩大仪表量程，按照上式只需减小流量 Q 即可。设所在地区 $p = 760$mmHg，流量减小为 50mL/min，则 $C = 2C_0$，即将量程扩大两倍，当 $C_0 = 1000 \times 10^{-6}$ 时，$C = 2000 \times 10^{-6}$。其他情况可依此类推，但工业在线测量情况下，流量不可太小，以免引起响应时间滞后和流量控制不稳定等现象。

如需进一步扩大测量范围，可在仪表前设干、湿气体配比混合装置，即将样品视为湿气，另配一路干气，两者按一定比例混合后，其水分含量按相应的比例降低。如干、湿气体配比为 2:1，则水含量降至原来的 1/3，所以，测量结果应为仪表读数乘以 3。

3）样气温度

因为温度变化会影响样气的密度、P_2O_5 的比电阻和电解池的导电系数，从而造成不可忽视的测量误差，所以电解池应当恒温。

11.4 电容式微量水分仪

11.4.1 测量原理

图 11.3（a）所示是由含水介质构成的平行板电容器，其等效电路如图 11.3（b）所示。R 是随水分含量而变化的电阻，水分含量越大，R 值越小，反之则越大；C 为与水分含量有关的电容，其值随水分的增大而增大。（根据国家计量技术规范 JJF 1272—2011《阻容法露点湿度计校准规范》，电容式微量水分仪也可称为阻容式微量水分仪。）

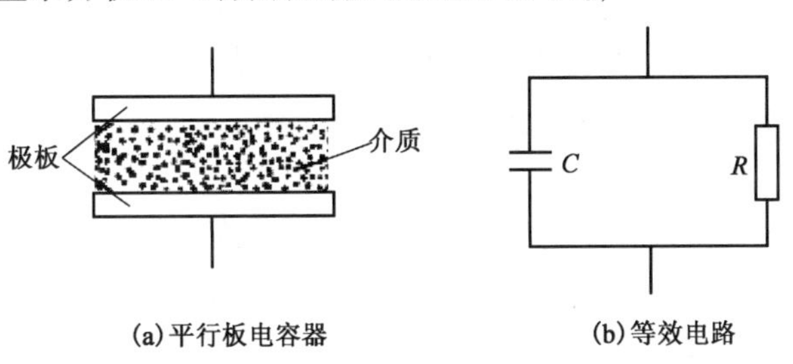

图 11.3　平行板电容式水分传感器及其等效电路

当忽略电容的边缘效应时，平行板电容器电容的计算公式为

$$C = \frac{\varepsilon S}{d} \tag{11.21}$$

$$C = \frac{\varepsilon_0 \varepsilon_r S}{d} \tag{11.22}$$

其中

$$\varepsilon_r = \frac{\varepsilon}{\varepsilon_0}$$

式中 C——传感电容；

S——单块极板的面积；

d——两极板间的距离；

ε——介质的介电常数；

ε_0——真空介电常数，$\varepsilon_0 = \frac{1}{3.6\pi}$pF/cm = 0.0884 pF/cm；

ε_r——介质的相对介电常数。

若 S 的单位用 cm^2，d 的单位用 cm，C 的单位为 pF，则式(11.22)可改写为

$$C = 0.0884 \times \frac{\varepsilon_r S}{d} \tag{11.23}$$

从式(11.11)可见，当电容器的尺寸确定之后，传感电容 C 的大小取决于介质的相对介电常数 ε_r。

根据电介质物理学理论，通常对于两种成分的混合介质而言，可将其相对介电常数写成一般表达式：

$$\varepsilon_r = \varepsilon_{r1}^{\alpha} \varepsilon_{r2}^{1-\alpha} \tag{11.24}$$

则平行板电容器电容的计算公式可写为

$$C = 0.0884 \times \varepsilon_r \frac{S}{d} \tag{11.25}$$

$$C = 0.0884 \times \varepsilon_{r1}^{\alpha} \varepsilon_{r2}^{1-\alpha} \frac{S}{d} \tag{11.26}$$

式中 ε_{r1}——第一种介质(水)的相对介电常数；

ε_{r2}——第二种介质(背景气体)的相对介电常数；

α——水的体积分数；

$1-\alpha$——背景气体的体积分数。

从上式可以看出，当电容器的几何尺寸 S、d 一定时，电容量 C 仅和极板间介质的相对介电常数 $\varepsilon_r = \varepsilon_{r1}^{\alpha} \varepsilon_{r2}^{1-\alpha}$ 有关。其中一般干燥气体的相对介电常数 ε_{r2} 在 1.0 ~ 5.0 之间，水的相对介电常数 ε_{r1} 为 80(在 20℃时)，比 ε_{r2} 大得多。所以，样品的相对介电常数主要取决于样品中的水分含量，样品相对介电常数的变化也主要取决于样品中水分含量的变化。当样品中含有微量水分时，$1-\alpha \approx 1$，此时式(11.13)变为

$$C = 0.0884 \times \varepsilon_{r1}^{\alpha} \varepsilon_{r2} \frac{S}{d} \tag{11.27}$$

$$C \approx k \varepsilon_{r1}^{\alpha} \frac{S}{d} \tag{11.28}$$

其中

$$k = 0.0884 \varepsilon_{r2}$$

对式(11.28)两边取对数得

$$\ln C = \alpha \ln \varepsilon_{\mathrm{r1}} + \ln \frac{kS}{d} \tag{11.29}$$

所以

$$\alpha = \frac{\ln C - \ln \dfrac{kS}{d}}{\ln \varepsilon_{\mathrm{r1}}} \tag{11.30}$$

$$\alpha = K\left(\ln C - \ln \frac{kS}{d}\right) \tag{11.31}$$

$$\alpha = K\ln C - K\ln \frac{kS}{d} \tag{11.32}$$

$$\alpha = K\ln C - n \tag{11.33}$$

其中

$$K = \frac{1}{\ln \varepsilon_{\mathrm{r1}}}, n = K\ln \frac{kS}{d}$$

式中,k、K、n 均为常数。

从式(11.30)至式(11.33)可见,气体中的水分含量 α(体积分数)与传感电容 C 的对数呈线性关系,电容式微量水分仪就是依据这一原理工作的。

11.4.2 氧化铝湿敏传感器

1)结构

平行板电容式水分测量探头如图 11.4 所示。

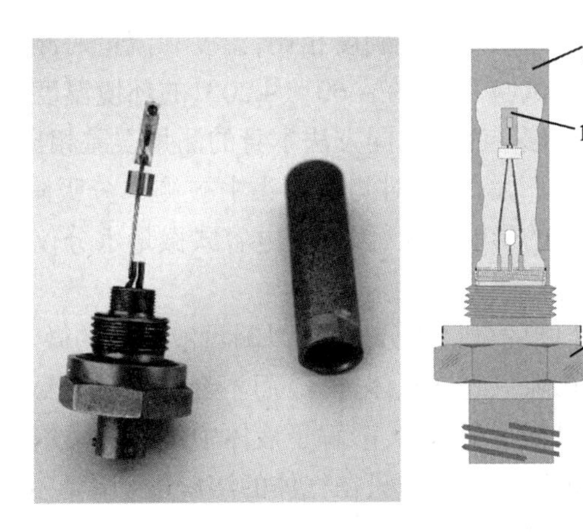

图 11.4 平行板电容式水分测量探头外观图

1—传感器;2—安装架;3—保护外壳

氧化铝湿敏传感器的结构如图 11.5 所示。氧化铝层上的电极膜可采用金、铝、铂、钯、镍铬合金等。其中钯和镍铬合金具有良好的黏附性能,而铂和金则具有化学惰性。成膜的方法一般采用喷涂法或真空镀膜法。由于水汽直接穿过电极膜进入氧化铝层,因此电极膜越薄越好。电极的导线采用细铜线或细金线,用银导电漆点黏在膜上。导线与膜应保持紧密机械接触。铝基极的导线可用铝条咬合,并用环氧树脂黏接固定。传感器的形式可以是片状或棒状,不同的形式分别采用不同的结构。敏感元件必须固定在具有电绝缘性和机械稳定性的基座上。

氧化铝湿敏传感器的核心部分是吸水的氧化铝层。研究结果并经高分辨率电子显微照片证实，氧化铝层布满相互平行且垂直于其平面的管状微孔，它从表面一直深入到氧化铝层的底部，微孔的大小差不多是相同的，并且近于均布，如图 11.6 所示。多孔氧化铝层具有很大的比表面积，对水汽具有很强的吸附能力，而其结构的规律性则为制造规格一致、性能稳定的氧化膜提供了可能性。

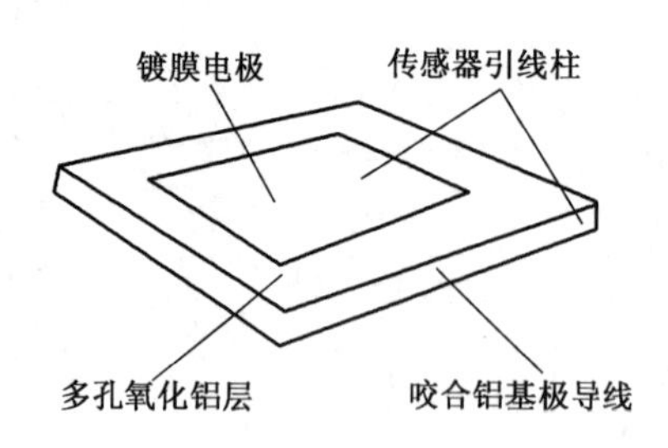

图 11.5　氧化铝湿敏传感器的结构示意图

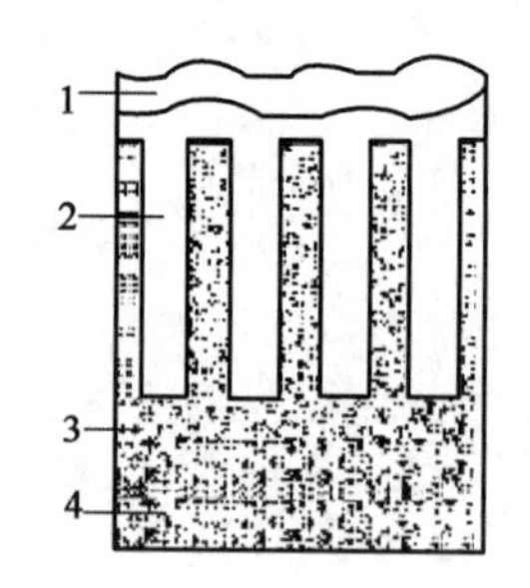

图 11.6　氧化铝湿敏传感器剖面示意图

1—金镀膜电极；2—毛细微孔；3—氧化铝层；4—铝基极

2）特点

氧化铝湿敏传感器的优点如下：

（1）体积小、灵敏度高（露点测量下限达 -110℃）、响应速度快（一般在 0.3 ~3s 之间）。

（2）样品流量波动和温度变化对测量的准确度影响不大（样品压力变化对测量有一定影响，须进行压力补偿修正）。

氧化铝湿敏传感器的工作原理建立在多孔氧化铝层对被测气体的吸附平衡基础上，类似于连续测定水蒸气的分压。同它的测量准确度相比，温度和流量对测量的影响不大，这一结论已为许多实验所证实。温度的试验表明，在 -60 ~ +20℃ 的环境温度范围内，其平均温度系数（即环境温度每变化 1℃ 引起的露点变化）同方法本身的测量误差相比还是比较小的。样品流量的变化对其水蒸气分压影响不大，因而对测量探头中被测水分吸附平衡的影响也不大。但样品压力的变化对水蒸气分压的影响较大，因而在电容式微量水分仪中均装有压力传感器，根据样品压力变化对测量结果进行压力补偿修正。

（3）它不但可以测量气体中的微量水分，也可以测量液体中的微量水分。

氧化铝湿敏探头的微小孔隙只允许气体进入，而不允许液体进入。测量液体中微量水分的原理是借助于亨利定律。根据亨利定律，溶解于液体中气体的摩尔浓度，在温度一定的条件下和与之平衡的蒸气分压成正比。此定律只在气体的溶解度（用摩尔浓度表示）不太大、气体在溶液中不与溶剂起化学反应时才成立。

对于含有微量水分的非极性液体，可以用氧化铝湿敏探头测得的水蒸气分压计算出溶解于液体中水的浓度，即

$$C_w = Kp_w \tag{11.34}$$

式中　C_w——液体中水的浓度；

p_w——氧化铝湿敏元件测得的水蒸气分压；

K——亨利常数，以相应量纲为单位。

亨利定律常数的值可由已知溶液的水饱和浓度和水的饱和蒸气分压算出：

$$k = C_s/p_s \tag{11.35}$$

式中　C_s——在测量温度下液体中的水的饱和浓度；

p_s——在测量温度下水的饱和蒸气分压。

氧化铝湿敏传感器有以下缺点：

(1)探头存在老化现象,需要经常校准。氧化铝探头的湿敏性能会随着时间的推移逐渐下降,这种现象称为老化。其原因有多种解释,为解决老化问题,各国的研究人员做过各种各样的尝试,但都未能从根本上解决老化问题。目前的唯一办法是定期校准,一般是一年左右校准一次,有时需半年甚至三个月校准一次。由于水分含量和电容量之间并不呈线性关系,校准曲线并非是一条直线,校准时一般需要校5个点。

(2)零点漂移会给应用带来一些困难和问题。传感器由于储存条件或环境条件不同会引起校准曲线位移,也就是说,传感器的校准曲线随条件(主要是湿度)而变。在实际测量中表现为对于同一湿度,若传感器储存条件不固定,则测量结果重复性差;使用时的条件与校准时的条件不同将会产生相当大的误差。

(3)对极性气体比较敏感,在测量中应注意极性物质的干扰,这是方法本身固有的缺点。此外,氧化铝湿敏传感器对油脂的污染也比较敏感。

11.5　晶体振荡式微量水分仪

11.5.1　测量原理

晶体振荡式微量水分仪的敏感元件是水感性石英晶体,它是在石英晶体表面涂覆了一层对水敏感(容易吸湿也容易脱湿)的物质,称为吸湿涂层或吸湿薄膜。当湿性样品气通过石英晶体时,石英表面的涂层吸收样品气中的水分,使晶体的质量增加,从而使石英晶体的振荡频率降低。然后通入干性样品气,干性样品气萃取石英涂层中的水分,使晶体的质量减少,从而使石英晶体的振动频率增高。在湿气、干气两种状态下振荡频率的差值,与被测气体中水分含量成比例。

石英晶体质量变化与频率变化之间有一定的关系,这一关系同样适用于由涂层或水分引起的质量变化,通过它可建立石英检测器信号与涂覆晶体性能的定量关系：

$$\Delta F = K\Delta m \tag{11.36}$$

式中　ΔF——频率变化；

Δm——质量变化；

K——质量灵敏度系数。

设ΔF_0为干涂层引起的频率变化,Δm_0为干涂层的质量,ΔF为由于水吸附引起的频率变化,Δm为由于水吸附增加的质量。代入式(11.36)并整理后可得到

$$\Delta F = \frac{\Delta m}{\Delta m_0}\Delta F_0 \tag{11.37}$$

通过式(11.37),可知石英晶体传感器的灵敏度和选定的吸湿物质相关,其校正方程可通过具体采用的吸湿物质的校正曲线获得。

11.5.2　石英晶体传感器

频率为9MHz的石英晶体(AT切割)最常采用的形状有圆形、正方形和矩形。图11.7是

一种圆形石英晶体传感器的结构图。圆形石英晶体的直径为 10 ~ 16mm,厚度为 0.2 ~ 0.5mm。将金、镍、银或铅等金属镀在石英片表面上作为电极。如果分析对象是腐蚀性气体,则只能用惰性金属。标准的电极吸湿涂层面积直径在 3 ~ 8mm 之间,厚度为 300 ~ 1000nm。用吸水物质涂覆的晶体频率变化一般能达到 5 ~ 50kHz。通过计算可知,9MHz 石英晶体的质量灵敏度系数大约为 400Hz/μg。

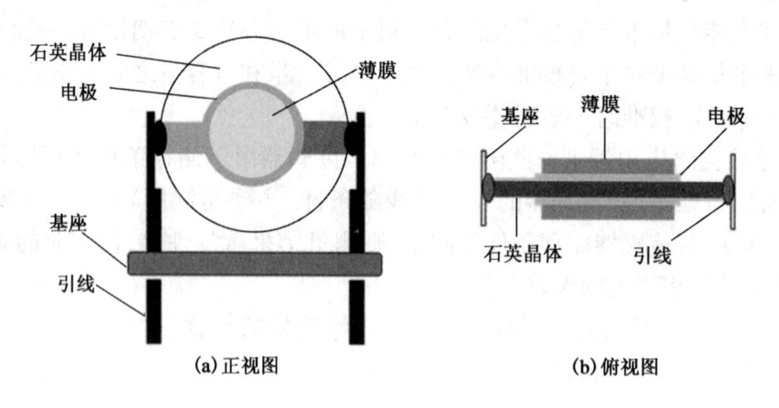

图 11.7　一种圆形石英晶体传感器的结构图

石英晶体的吸湿涂层可以采用分子筛、氧化铝、硅胶、磺化聚苯乙烯和甲基纤维素等吸湿性聚合物,还可采用各种吸湿性盐类。

11.5.3　特点

(1) 石英晶体传感器性能稳定可靠,灵敏度高,可达 0.1×10^{-6}。测量范围 $(0.1 \sim 2500) \times 10^{-6}$,在此范围内可自定义量程。精度较高,在 $0 \sim 20 \times 10^{-6}$ 范围测量误差为 $\pm 1 \times 10^{-6}$,大于 20×10^{-6} 测量范围时误差为仪表读数的 ±10%。重复性误差为仪表读数的 5%。

(2) 反应速度快,水分含量变化后,能在几秒内做出反应。

(3) 抗干扰性能较强。当样气中含有乙二醇、压缩机油、高沸点烃等污染物时,仪器采用检测器保护定时模式,即通样品气 30s,通干燥气 3min,可在一定程度上降低污染。

11.6　半导体激光式微量水分仪

半导体激光式微量水分仪是根据气体组分在近红外波段的吸收特性,采用半导体激光光谱吸收技术进行测量的一种光学分析仪器。其技术特点和优势在于:

(1) 单线吸收光谱,不易受到背景气体的影响。

传统非色散红外光谱吸收技术采用的光源谱带较宽,在近红外波段,其谱宽范围内除了被测气体的吸收谱线外,还有其他背景气体的吸收谱线。因此,光源发出的光除了被待测气体的多条吸收谱线吸收外还被一些背景气体的吸收谱线吸收,从而导致测量误差。

而半导体激光吸收光谱技术中使用的激光谱宽小于 0.0001nm,为红外光源谱宽的 $1/10^5 \sim 1/10^6$,远小于被测气体一条吸收谱线的谱宽。例如,经计算,在 2000nm 波长处,3MHz 激光线宽相当于 4×10^{-5}nm,而红外分析仪使用的窄带干涉滤光片带宽一般为 10nm,所以激光线宽是红外带宽的 $4/10^6$。DLAS 气体分析仪首先选择被测气体位于特定频率的某一吸收谱线,通过调制激光器的工作电流使激光波长扫描过该吸收谱线,从而获得单线吸收光谱。

需要说明的是,激光光谱的这一优势,主要表现在780～2526nm的近红外波段。近红外波段是中红外基频吸收的倍频和合频吸收区,是各种化合物吸收的“指纹区”,吸收谱带密集,交叉和重叠严重,红外分析仪的光源谱带较宽,即使采用窄带干涉滤光片,仍难避开各种干扰,而单线吸收的激光光谱便表现出明显的优势。

(2)粉尘与视窗污染对测量的影响很小。

如上所述,当激光传输光路中的粉尘或视窗污染造成光强衰减时,透射光强的二次谐波信号与直流信号会等比例下降,二者相除之后得到的气体浓度信号,可以克服粉尘和视窗污染对测量结果的影响。当粉尘和视窗污染导致光透过率下降到3%以下时,仪器的噪声才会显著增大,示值误差随之增大。激光气体分析仪广泛用于烟道气的原位分析而无须进行样品除尘、除湿处理正是基于这一优势。

(3)非接触测量。

光源和检测器件不与被测气体接触,只要测量气室采用耐腐蚀材料,即可对腐蚀性气体进行测量。天然气中含有的粉尘、气雾、重烃及其对光学视窗的污染对于仪器的测量结果影响很小。

11.7 近红外漫反射式(光纤式)微量水分仪

11.7.1 测量原理

典型的近红外漫反射式微量水分仪原理如图11.8所示,由于该仪器用光纤传输光学信号,也将其称为光纤式微量水分仪。

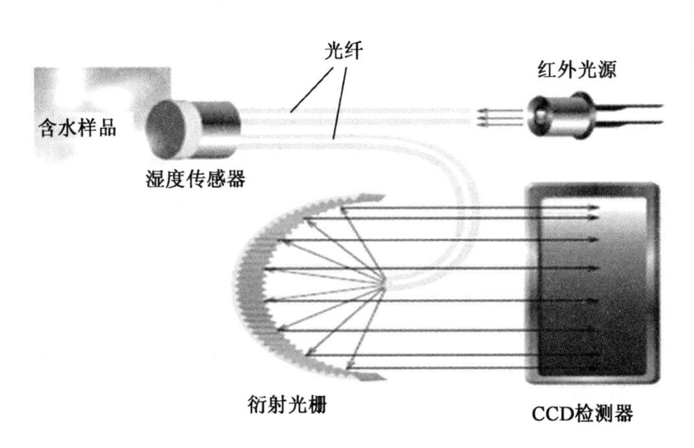

图11.8 近红外漫反射式微量水分仪原理示意图

其中,湿度传感器的表面为具有不同反射系数的氧化硅和氧化锆构成的层叠结构,通过特殊的热固化技术,使传感器表面的孔径控制在0.3nm。这样分子直径为0.28nm的水分子可以渗入传感器内部。仪器工作时控制器发射出一束790～820nm的近红外光,通过光纤传送给传感器,进入传感器内部的水分子浓度不同,对不同波长的光反射系数就不一样,从而CCD检测器检测到的特征波长就不同。实验表明,该特征波长与介质的水分含量有对应关系。

11.7.2 测量系统组成与特点

1）组成

近红外漫反射式微量水分测量系统由湿度探头、电子单元和组合光纤电缆组成。组合光纤电缆包括两根光纤和一根 Pt100 温度检测电缆。

2）测量范围和精度

测量范围：露点为 -80 ~ +20℃。

水分含量：$0.52 \times 10^{-6} \sim 2.31\%$。

测量精度：±1℃。

3）特点

（1）传感器表面为 0.3nm 孔径的多微孔结构，只有直径小于 0.3nm 的分子如水分子（0.28nm）能够渗入，并且仪器所用的 790 ~ 820nm 的近红外光只对水分子敏感，因而水分测定不受其他组分干扰，选择性好，重复性高。

（2）不需要取样系统：探头可直接插入管道、设备中，避免了取样管线、部件对水分子的吸附，可以更真实地测得管输天然气在压力状态下的水露点。

4）应用场合

近红外漫反射式微量水分仪特别适合常规露点仪无法应用的严酷条件（耐压 25MPa，耐温 -30 ~ +60℃）。

以下一些场合均可应用近红外漫反射式微量水分仪对物料中水分进行测量：

（1）天然气行业的储罐、干燥、分输站、CNG 加气站；

（2）炼油厂的裂解塔、重整装置、油气/循环气、燃料脱硫、汽油或柴油；

（3）化工行业的标准气体、碳氢化合物、酒精、液态丙烯、乙烯等。

参考文献

[1] 王森. 在线分析仪器手册. 北京:化学工业出版社,2008.
[2] 王森,符青灵. 仪表工试题集:在线分析仪表分册. 2 版. 北京:化学工业出版社,2006.
[3] 符青灵,王森. 在线分析仪表工工作手册. 北京:化学工业出版社,2013.
[4] 王森. 烟气排放连续监测系统(CEMS). 北京:化学工业出版社,2014.
[5] 王强,杨凯. 烟气排放连续监测系统(CEMS)监测技术及应用. 北京:化学工业出版社,2015.
[6] 褚小立. 化学计量学方法与分子光谱分析技术. 北京:化学工业出版社,2011.
[7] 吕武轩. 水工业仪表自动化. 北京:化学工业出版社,2011.
[8] 高喜奎. 在线分析系统工程技术. 北京:化学工业出版社,2014.
[9] 在线分析仪器系统通用规范:GB/T 34042—2017.
[10] 唐德东,龙泽智. 天然气工业过程控制技术. 北京:石油工业出版社,2016.
[11] 金义忠. 在线分析技术工程教育. 北京:科学出版社,2016.

参考文献